市政工程专业人员岗位培训教材

材料员专业与实务

建设部 人事教育司
城市建设司　组织编写

中国建筑工业出版社

图书在版编目（CIP）数据

材料员专业与实务/建设部人事教育司 城市建设司组织
编写.—北京：中国建筑工业出版社，2006
市政工程专业人员岗位培训教材
ISBN 978-7-112-08250-6

Ⅰ.材... Ⅱ.建... Ⅲ.市政工程—建筑材料—技
术培训—教材 Ⅳ.TU5

中国版本图书馆 CIP 数据核字（2006）第 033834 号

市政工程专业人员岗位培训教材

材料员专业与实务

建设部 人事教育司 组织编写
城市建设司

*

中国建筑工业出版社出版、发行（北京西郊百万庄）
各地新华书店、建筑书店经销
北京永峥印刷有限责任公司制版
北京同文印刷有限责任公司印刷

*

开本：850×1168 毫米 1/32 印张：5¾ 字数：155 千字
2006 年 6 月第一版 2012 年 3 月第五次印刷
定价：**16.00** 元
ISBN 978-7-112-08250-6
（20923）

本书根据市政企业的实际需要，按照先进性、实用性和注重能力培训的原则进行编写。内容包括：市政材料管理概论、材料消耗定额管理、材料计划管理、材料供应及运输管理、材料采购管理、物资的仓库管理、施工现场材料与工具管理、材料核算等内容。

＊　　＊　　＊

　　责任编辑：田启铭　姚荣华　胡明安
　　责任设计：赵明霞
　　责任校对：王雪竹　张　虹

出 版 说 明

为了落实全国职业教育工作会议精神，促进市政行业的发展，广泛开展职业岗位培训，全面提升市政工程施工企业专业人员的素质，根据市政行业岗位和形势发展的需要，在原市政行业岗位"五大员"的基础上，经过广泛征求意见和调查研究，现确定为市政工程专业人员岗位为"七大员"。为保证市政专业人员岗位培训顺利进行，中国市政工程协会受建设部人事教育司、城市建设司的委托组织编写了本套市政工程专业人员岗位培训系列教材。

教材从专业人员岗位需要出发，即重视理论知识，更注重实际工作能力的培养，做到深入浅出、通俗易懂，是市政工程专业人员岗位培训必备教材。本套教材包括8本：其中1本是《基础知识》属于公共课教材；另外7本分别是：《施工员专业与实务》、《材料员专业与实务》、《安全员专业与实务》、《质量检查员专业与实务》、《造价员专业与实务》、《资料员专业与实务》、《试验员专业与实务》。

由于时间紧，水平有限，本套教材在内容和选材上是否完全符合岗位需要，还望广大市政工程施工企业管理人员和教师提出意见，以便使本套教材日臻完善。

本套教材由中国建筑工业出版社出版发行。

中国市政工程协会

2006 年 1 月

市政工程专业人员
岗位培训教材编审委员会

前　言

近年来，市政基础设施建设得到了持续快速发展，在国民经济中的地位和作用逐渐增强，尤其是新技术、新材料的不断应用，促使施工管理人员必须了解材料的基本知识，掌握材料管理和材料核算的一般规律，并掌握企业经济活动分析的基本方法和原理。为进一步提高市政工程施工的材料管理水平，有效预防材料浪费现象发生，在建设部的指导和帮助下，由浙江省市政工程协会承担了市政工程材料员岗位培训教材的编写工作。内容包括材料的计划管理、采购和供应管理、储备与仓库管理和施工现场管理等，主要目的是使学员掌握材料管理和材料核算的一般知识。

本书作为市政工程管理岗位——材料员的专业教材，较好地反映了施工企业基层管理人员应具备的基本知识，可作为岗位培训使用，同时可供工程管理专业人员阅读，还可作为各类从事施工管理人员的自学参考用书。

本书由杭州广播电视大学城市建设学院金波担任主编。全书共8章，1、2、3、4、5、6章由金波编写，7、8章由陈金芳编写。在编写过程中，受到了浙江省市政工程协会的支持和参考资料的提供，在此表示衷心感谢！

本书在编写过程中进行了系统的资料检索，根据市政企业的实际需要，按照先进性、实用性和注重能力培训的原则进行编写。

由于编写时间局促、水平有限，教材中难免还存在不少缺点和错误，我们殷切地期望读者批评和指正。

编　者
2005 年 12 月

目　录

第一章 概 论

第一节 材料供应与管理概述

一、物资、材料概述

物资有两种涵义。从广义来说，物资是物质资料的总称，包括生产资料和生活资料；从狭义来说，物资是指经过劳动加工的生产资料，主要是指市政工程施工生产中所有的原材料、燃料、机械、电工及动力设备和交通运输工具等。原材料属于社会产品，它是原料和材料的简称，是物资的组成部分。

二、材料的分类

生产过程中所需要的材料，范围广大，品种繁多。为了便于计划和管理，需要对材料进行分类，常用的分类方法有四种：

1. 按材料在生产中的地位和作用，一般可分为以下几类：

（1）主要材料（包括原料）。构成产品主要实体的材料是主要材料，如机械制造生产中的钢铁材料，市政工程所消耗的砖、瓦、石料、水泥、木材、钢材等。

（2）辅助材料。不构成产品实体但在生产中被使用、被消耗的材料是辅助材料。其中又可分为以下三种：

1）跟主要材料相结合，使主要材料发生物理或者化学变化的材料，如染料、油漆、化学反应中的催化剂等。市政工程混凝土工程中掺用早强剂、减水剂、管道工程的防腐用沥青等等。

2）和机械设备使用有关的材料，如润滑油脂、皮带等。

3）和劳动条件有关的材料如照明设备、取暖设备等。

（3）燃料。燃料是一种特殊的辅助材料，产生直接供生产用的能量，不直接加入产品本身之内，如煤炭、汽油、柴油等。

（4）周转性材料。周转性材料是指不加入产品本身，而在产品的生产过程中周转使用的材料。它的作用和工具相似，故又称"工具性材料"。如市政工程中使用的模板、脚手架和支撑物等。

材料的这种分类方法，主要是根据材料在生产中的地位和作用确定的，与材料本身的自然属性无关。同一种材料可以作为主要材料，也可以作为辅助材料，如钢丝用于紧固包装时，是辅助材料，用来做铁筛子时，则是主要材料。有的材料既可以作为原料，也可以作为燃料，如煤炭，一般作为燃料使用，而在某些化学工业如炼焦化学厂则作为主要原材料使用，生产焦炭和煤气。这种分类方法，便于制定材料供应计划和生产企业的生产费用预算。

2. 按材料本身的自然属性分类、一般包括以下几类：

（1）金属材料。包括建筑钢材（有的也称大五金）、铸造制品、有色金属及制品、小五金。

（2）有机非金属材料。包括木材、竹材、建筑塑料、油漆涂料、防水材料。

（3）无机非金属材料。包括水泥、玻璃、陶瓷、砖、瓦、石灰、砂石、珍珠岩制品、耐火材料、硅酸盐砌块、混凝土制品。

在仓库保管中一般采取如下分类方法：金属材料（还分为黑色金属，有色金属等），木材、化工材料、电工材料、大堆材料（砖、瓦、灰、砂、石等）。

3. 按材料管理权限分类，过去长期分为统配材料、部管材料、地方材料和市场供应的材料四类。材料的申请分配等工作，要按这种方法进行。随着经济体制的改革，这种分类方法已有较大变化。

所谓统配材料是指由国家计委和国家材料部进行分配的材料。所谓部管材料是指由中央主管进行分配的材料。除以上两类外为地方管理材料，也就是由各省市自治区或其下属的地市县进行分配的材料，如砖、瓦、石灰、砂石、苇席等。

4. 按材料的使用方向分类，可分为工业生产用料，基本建设用料，维修用料等。在按用途进行材料核算和平衡时，要采用材料的这种分类方法。

三、市政企业材料供应与管理的概念和特殊性

市政企业的材料供应与管理，就是对施工过程中所需的各种材料，围绕采购、储备和消费，所进行的一系列组织和管理工作。也就是借助计划、组织、指挥、监督和调节等管理职能，依据一定的原则、程序和方法，搞好材料均衡供应，高效、合理地组织材料的储存、消费和使用，以保证市政企业生产的顺利进行。

施工生产总是不间断地进行的。材料在施工中逐渐被消耗掉，转化成工程实体。生产过程既是原材料不断消耗的过程，又是原材料不间断补充的过程。没有生产资料的供应，生产建设就无法进行。在市政工程施工中，注意节约使用材料，努力降低单耗，控制材料库存，加速流转，节约使用储备资金，这些都与企业经营成果直接有关。因此，材料的供应与管理是市政企业经营管理的重要组成部分。它是市政企业组织生产的物质基础。进一步加强材料供应和管理工作是现代化生产的客观需要，也是企业完成和超额完成各项技术、经济指标，取得良好经济效果的重要环节。

市政工程生产的技术经济特点，使得市政企业的材料供应与管理工作具有一定的特殊性、艰巨性和复杂性，表现在：

1. 工程材料品种规格繁多。由于市政工程产品（工程对象）各不相同，技术要求各异，需要材料的品种、规格、数量及构成比例也随之不同，一般工程经常使用的建筑材料就有 600 多个品

种，2000多个规格，加上特殊工程的则更多了。

2. 工程材料耗用量多、重量大。市政工程不同于其他一般产品，它的体量大。一个地区大宗材料的耗用，常以成万吨来计量，而且体积松散，不易管理，并需要很大的运输力量。

3. 施工生产周期较长，占用的生产储备资金较多。市政工程从投入施工到交付使用，往往要以月或年计算工期，在施工期间，不提供任何使用价值，每天要消耗大量的人力、物力。由于自然条件的限制，一部分建筑材料的生产和供应，受到季节性影响，需要作季节储备。这就决定了材料储备数量较大，占用储备资金较多。

4. 工程材料供应很不均衡。市政工程施工生产是按分部分项个别进行的，生产按工艺程序展开，施工各阶段用料的品种、数量都不相同，材料消耗数量时高时低，这就决定了材料供应上的不均衡性。

5. 材料供应工作涉及面广。供应单位点多面广，在常用的市政工程材料中，既有大宗材料，又有零星或特殊材料，材料货源和供应渠道复杂。其中有很大一部分需自外省市运入，市政企业自身运输能力不能解决，需要借助大量的社会运输能力，这就要受到运输方式和运输环节的牵制和影响，稍一疏忽，就会在某一环节上产生问题，影响施工生产的正常进行。因此，需要周密规划，认真考虑材料的供应问题。

6. 由于市政工程的产品固定，施工场所不固定，确定了其生产的流动性，使得建筑材料的供应没有固定的来源和渠道，也没有固定的运输方式，反映了建筑材料供应工作上的复杂性。

7. 材料的质量要求高。市政建设产品的质量，在很大程度上取决于材料的质量。材料供应工作的本身也就要求高质量，要求在一定时间的生产进度内，把不同品种、规格、质量、数量的各种建筑材料按质、按量、及时、配套地供应到施工现场。

作为材料管理人员，只有充分认识到市政材料供应与管理工作的重要性、特殊性，以及做好材料工作的艰巨性、复杂性，才能掌握工作的主动权，做好材料供应与管理工作。

四、材料供应与管理的方针、原则

（一）"从施工生产出发，为施工生产服务"的方针，是"发展经济，保障供给"的财经工作总方针的具体化，是材料供应与管理工作的基本出发点。

（二）加强计划管理的原则

市政工程产品中不论是工程结构繁简，建设规模大小，都是根据使用目的，预先设计，然后施工的。施工任务一般落实较迟，但一经落实就急于施工，加上施工过程中情况多变，若没有适当的材料储备，就没有应变能力。搞好材料供应，关键在于摸清施工规模，提出备料计划，在计划指导下组织好各项业务活动的衔接，保证材料满足工程需要，使施工生产顺利进行。

（三）加强核算，坚持按质论价的原则

往往同一品种材料，因各地厂家或企业生产经营条件不同和市场供求关系等原因，价格上有明显差异，在采购订货业务活动中应遵守国家物价政策，按质论价、协商定购。

（四）厉行节约的原则

这是一切经济活动都必须遵守的根本原则。材料供应管理活动中包含两方面意义：一方面是材料部门在经营管理中，精打细算，节省一切可能节约的开支，努力降低费用水平。另一方面是通过业务活动加强定额控制，促进材料耗用的节约，推动材料的合理使用。

五、材料供应与管理的作用、要求

做好材料供应与管理工作，除材料部门积极努力外，尚需各有关方面的协作配合，以达到供好、管好、用好工程材料，降低工程成本。其作用和要求主要有以下几点：

（一）落实资源，保证供应

市政工程任务落实后，材料供应是主要保证条件之一，没有材料，企业就失去了主动权，完成任务就成为一句空话。施工企业必须按施工图预算核实材料需用量，组织材料资源。材料部门要主动与建设单位联系，属于建设单位供应的材料，要全面核实其现货、订货、在途资源及工程需用量的余缺。双方协商、明确分工并落实责任，分别组织配套供应，及时、保质、保量地满足施工生产的需求。

（二）抓好实物采购运输，加速周转、节省费用

搞好材料供应与管理，必须重视采购、运输和加工过程的数量、质量管理。根据施工生产进度要求，掌握轻、重、缓、急，结合市场调节，尽最大努力"减少在途"、"压缩库存"材料，加强调剂缩短材料的"在途、在库"时间，加速周转。与材料供应管理工作有关的各部门，都要明确经济责任，全面实行经济核算制度，降低材料成本。

（三）抓好商情信息管理

商情信息与企业的生存和发展有密切联系。材料商情信息的范围较广，要认真搜集、整理、分析和应用。材料部门要有专职人员，经常了解市场材料流通供求情况，掌握主要材料和新型建材动态（包括资源、质量、价格、运输条件等）。搜集的信息应分类整理、建立档案，为领导提供决策依据。如某市政公司运用市场信息的做法是：采取普遍函调，择优重点调查和实地走访三种方式，即印好调查表向各生产厂函调，根据信息反馈择优进行重点调查或实地走访调查。通过信息整理、分析和研究，摸清材料的产量、质量和价格情况，组织定点挂钩，做到供需衔接，最后取得成效。

（四）降低材料单耗

单耗是指市政工程产品每平方米所耗用工程材料的数量。由于市政工程产品是固定的，施工地点分散，露天作业多，不免要受自然条件的限制，影响均衡施工，材料需用过程中品种、规格和数量的变动大，使定额供料增加了困难。为降低材料单耗水平，首先要完善设计；改革工艺；使用新材料；认真贯彻节约材

料技术措施。施工中要贯彻操作规程,合理使用材料,克服施工现场浪费材料的现象;要在保证工程质量的基础上,严格执行材料定额管理。由于材料品种、规格繁多,应选定主要品种,进行核算,认真按定额控制用料,降低材料单耗水平。

六、材料供应与管理的任务

市政企业材料供应与管理工作的基本任务是:本着管材料必须全面"管供、管用、管节约和管回收、修旧利废"的原则,把好供、管、用三个主要环节,以最低的材料成本,按质、按量、及时、配套供应施工生产所需的材料,并监督和促进材料的合理使用。材料供应与管理的具体任务是:

(一)提高计划管理质量,保证材料供应

提高计划管理质量,首先要提高核算工程用料的正确性。计划是组织指导材料业务活动的重要环节,是组织货源和供应工程用料的依据。无论是需用计划,还是材料平衡分配计划,都要以单位工程(大的工程可用分部工程)进行编制。但是,往往因设计变更,施工条件的变化,打破了原定的材料供应计划。为此,材料计划工作需要与设计、建设单位和施工部门保持密切联系。对重大设计变更,大量材料代用,材料的价差和量差等重要问题,应与有关单位协商解决好。同时材料供应员要有应变的工作水平,才能保证工程需要。

(二)提高供应管理水平,保证工程进度

材料供应与管理包括采购、运输及仓库管理业务,这是配套供应的先决条件。由于市政工程产品的规格、式样多,每项工程都是按照工程的特定要求设计和施工的,对材料各有不同的需求,数量和质量受设计的制约,而在材料流通过程中受生产和运输条件的制约,价格上受地区预算价格的制约。因此材料部门要主动与施工部门保持密切联系,交流情况,互相配合,才能提高供应管理水平,适应施工要求。对特殊材料要采取专料专用控制,以确保工程进度。

（三）加强施工现场材料管理，坚持定额用料

市政工程产品体量大、生产周期长，用料数量多，运量大，而且施工现场一般比较狭小，储存材料困难，在施工高峰期间土建、安装交叉作业，材料储存地点与供、需、运、管之间矛盾突出，容易造成材料浪费。因此，施工现场材料管理，首先要建立健全材料管理责任制度，材料员要参加现场施工平面总图关于材料布置的规划工作。在组织管理方面要认真发动群众，坚持专业管理与群众管理相结合的原则，建立健全施工队（组）的管理网，这是材料使用管理的基础。在施工过程中要坚持定额供料，严格领退手续，达到"工完料尽场地清"，克服浪费，节约有奖。

（四）严格经济核算、降低成本，提高效益

市政企业提高经济效益，必须立足于全面提高经营管理水平。据部分分析资料，一般工程的直接费占工程造价的77.05%，其中材料费为66.83%，机械费为4.7%，人工费为5.52%。说明材料费占主要地位。材料供应管理中各业务活动，要全面实行经济核算责任制度。由于材料供应方面的经济效果较为直观、可比，目前在不同程度上已重视材料价格差异的经济效益，但仍忽视材料的使用管理，甚至以材料价差盈余掩盖企业管理的不足，这不利于提高企业管理水平，应当引起重视。

七、材料供应与管理的业务内容

材料供应与管理的主要内容是：两个领域、三个方面和八项业务。

（一）两个领域：材料流通领域和生产领域。

1. 流通领域材料管理是指在企业材料计划指导下、组织货源，进行订货、采购、运输和技术保管，以及对企业多余材料向社会提供资源等活动的管理。

2. 生产领域的材料管理，指在生产消费领域中，实行定额供料，采取节约措施和奖励办法，鼓励降低材料单耗，实行退料

回收和修旧利废活动的管理。市政工程企业的施工队伍，是材料供、管、用的基层单位，它的材料工作重点是管和用。工作的好与坏，对管理的成效有明显作用。基层把工作做好了，不仅可以提高企业经济效益，还能为材料供应与管理打下基础。

（二）三个方面：是指材料的供、管、用。它们是紧密结合的。

（三）八项业务：是指材料计划、组织货源、运输供应、验收保管、现场材料管理、工程耗料核销、材料核算和统计分析八项业务。

第二节　市政企业的材料管理体制

一、市政企业材料管理的一般规则

（一）材料管理必须适应市政工程施工生产特点的规律

市政工程施工生产流动性强，材料管理必须随生产不断转移，每次转移都要建立一定的物质条件和一系列的准备工作；市政工程产品的多样性，使材料管理要按每一产品特点采取不同的管理方法；市政工程产品体量大，需要材料品种规格多、数量大、运输量大，材料的管理方法必须适应和满足这一需要；市政工程生产露天作业使其生产受气候和自然条件影响，加之生产的程序性，使材料消耗和材料供应都不均衡；材料管理方法必须适应这种多变的要求。

（二）材料管理应遵循经济发展有计划按比例的规律

国民经济有计划按比例发展，才能促进国民经济整体实力的发挥。建筑业消耗的材料涉及国民经济 50 多个工业部门的产品。建筑工程每年耗用的钢材远远超过其他行业，市政工程当然也属此列，因此，材料管理的形式和规模，必须与社会其他部门相适应、相衔接，才能使市政工程事业发展成为可能，才能使国民经济各部门协调发展。

（三）材料管理必须遵循和运用价值规律和供求规律

施工生产用材料均是商品，进入市场的商品必然受市场供求规律的影响和材料自身价值规律的影响。了解和掌握这一规律，有利于降低工程成本和掌握材料管理规律，更好地服务于施工生产，同时获得更多的盈利。

（四）材料管理应遵循加快流通速度、降低流通费用的规律

社会再生产时间是生产时间和流通时间的总和，压缩流通时间，就可以扩大生产时间，有利于社会财富的增加。材料流通速度与流通时间成反比，流通速度越快，流通时间越短，因此在材料供应工作中必须正确选择合理的供应方式，以缩短流通时间，促进施工生产。

材料的流通费用主要包括材料的采购、运输、装卸、保管、包装等费用，是材料流通的必要劳动消耗。在材料供应工作中必须加强经济核算，避免材料的远距离运输或相向运输，减少中间环节，努力降低流通费用。

（五）材料储备量相对下降的规律

材料储备的相对量，是指材料储备量占材料总量的比重。材料储备绝对量随着生产发展而增大，材料储备的相对量，应随着生产发展、生产组织合理化而下降。这就要求材料供应工作在保证施工生产的前提下，提高供应水平，挖掘材料潜力，搞活流通，使储备量不断下降。

二、市政企业材料管理体制

市政企业材料管理体制，是企业组织、领导材料管理工作的根本制度。它明确了企业内部各级、各部门间在材料采购、运输、储备、消耗等方面的管理权限及管理形式，是企业生产经营管理体制的重要组成部分。因此，正确确定企业材料管理体制，对于实现企业材料管理的基本任务，改善企业的经营管理，提高企业的承包能力、竞争能力都具有重要意义。

决定和影响企业材料管理体制的条件和因素，主要有以下三点：

（一）材料管理体制要反映市政工程生产及需求特点

市政工程产品与大地连接在一起，决定了生产的流动性，材料必须随生产转移，而且分散多变；市政工程产品体量大，生产周期长，不仅需要大量的材料、资金，而且在产品建成之前，大量的材料和资金将停滞在半成品上，决定了供应的多样性、特殊性。因此，在确定企业材料管理体制过程中，应考虑以下几个问题：

1. 要适应市政工程生产的流动性。材料、机具的储备不宜分散，尽可能提高成品、半成品供应程度，能够及时组织剩余材料的转移和回收，减轻基层的负担，使基层能轻装转移。

2. 要适应市政工程生产的多变性，要有准确的预测，对常用材料要有适当储备，要建立灵敏的信息传递、处理、反馈体系，要有一个有力的指挥系统，这样可以对变化了的情况及时处理，保证施工生产的顺利进行。

3. 要适应市政工程生产多工种的连续混合作业，按不同施工阶段实行综合配套，按材料使用方向分工协作，在方法上、组织上保证生产的顺利进行。

4. 要体现供管并重。市政工程生产用料多、工期长，为实现材料合理使用，降低消耗，要健全计量、定额、凭证和统计，使有利于开展核算，加强监督，保证企业的最终经济效益。

（二）材料管理体制要适应企业的施工任务和企业的施工组织形式

市政企业的施工任务状况主要包括规模、工期和分布三个方面，在一般情况下，企业承担的任务规模较大，工期较长，任务必然相对集中，反之，规模较小，工期较短，任务必然相对分散，按照企业承担任务的分布状况，可分为现场型企业，城市型企业和区域型企业。

现场型企业，一般采取集中管理的体制，把供应权集中在企业，实行统一计划、统一订购、统一储备、统一供应、统一管理。这种形式有利于统一指挥，减少层次、减少储备、节约设施和人力，材料供应工作对生产的保证程度高。

城市型企业，其施工任务相对集中在一个城市内，常采用"集中领导，分级管理"的体制，对施工用主要材料和机具的供应权、管理权集中企业，对施工用一般材料和机具的供应权、管理权放给基层，这样，既能保证企业的统一指挥，又能调动各级的积极性，同样可以获得减少中转环节、减少资金占用、加速材料周转和保证供应的目的。

区域型企业，是指任务比较分散，甚至跨省跨市，这类企业应因地制宜，或在"集中领导，分级管理"的体制下，扩大基层单位的供应和管理权限，或在企业的统一计划指导下，把材料供应和管理权完全放给基层，这样既可以保证企业在总体上的指挥和调节，又能发挥各基层单位的积极性、主动性，从而避免由于过于集中而带来不必要的层次、环节，造成人力、物力、财力的浪费。

（三）材料管理体制要适应社会的材料供应方式

市政工程材料依靠社会提供。企业的材料管理体制受国家和地方材料分配方式和供销方式的制约。只有适应国家和地方有关材料分配方式和供销方式，企业才能顺利地获得自己所需的材料。在一般情况下，须考虑以下几个方面。

1. 要考虑和适应指令性计划部分的材料分配方式和供销方式

凡是由国家材料部门配套承包供应的，企业除具有接管、核销能力外，还要具备调剂、购置的力量，解决配套承包供应的不足。实行建设单位供料为主的地区，有条件的企业应考虑在高层次接管，扩大调剂范围，提高保证程度。直接接受国家和地方计划分配，负责产需衔接的企业，还应具有申请，订货和储备能力。

2. 要适应地方市场资源供货情况

凡是有供货渠道生产厂家的地区，企业除具有采购能力外，要根据市场供货周期建立适当的储备能力，要创造条件直接与生产厂家衔接，享受价格优惠，建立稳定的供货关系。对于没有供货渠道的地区，企业要考虑具有外地采购、协作、以及扶植生产、组织加工、建立基地的能力，通过扩大供销关系和发展生产的途径，满足企业生产的需要。总之，不同的社会供应方式和地区的资源情况，对企业的材料供应体制提出了不同的要求，只有适应并反映了这些要求，才能更好地实现企业材料供应与管理的基层任务，为生产提供良好的物质基础，促进企业的发展。

3. 社会资源形势也是企业考虑材料管理体制的一个重要因素

一般情况下，当社会资源比较丰富，甚至是供大于求，企业材料的采购权、管理权不宜过于集中，否则会增加企业不必要的管理层次，造成人力、物力和财力的浪费，甚至影响施工生产；当社会资源比较短缺，甚至供不应求，企业材料的采购权、管理权不宜过于分散，否则，就会出现互相抢购、层层储备，造成人力、物力和财力的浪费，甚至影响施工生产。

企业材料管理体制还取决于企业材料队伍的素质状况，在其他条件不变的情况下，队伍素质高可以适当减少层次和环节，既能集中指挥，又能独立作战，能"文"能"武"，能供能管。反之，依赖性强，必然增加层次和环节。

综上所述，企业的材料管理体制既是实现企业经营活动的重要条件，又是企业联系社会的桥梁和纽带。受企业内外各种条件和因素的制约，因此，确定企业材料管理体制必须从实际出发，调查研究，在综合各种因素下，求得其科学化、合理化。即要保证企业经营活动的开展，有利于企业取得最终的整体效益；要保证企业生产管理的完整性，有利于企业生产的指挥和调节；要体现上一层次为下一层次服务的原则，兼顾各级的利益。同时，要有利于信息的收集、传递、反馈和处理，有利于各种反馈信息投入和调整，使材料管理机制有机地运行。

企业材料管理体制一般应包括和明确三个方面的内容：企业各层次在材料采购、加工、储备各方面的分工；企业所用材料的计划、采购、加工、储备、调拨及使用的主要管理办法；按照上述分工和管理要求而建立的各层次的材料管理机构。企业的材料管理机构是企业材料管理的职能部门，负有企业材料工作的全面规划、领导和组织责任，各层次的材料管理机构的一般职责是：①贯彻执行国家各项材料方针、政策，并监督检查执行情况；②制定执行企业材料管理的各项制度办法；③筹划施工所需材料、机具的采购、加工、储备、供应、平衡调度；④准确及时编报各种材料计划及统计报表；⑤做好仓库及现场料具的收、发、保管和核算工作；⑥推行定额用料和开展用料承包，促进降低消耗；⑦负责周转材料及工具的管理，有条件的要实行租赁制；⑧负责材料采购资金管理及采购成本核算；⑨负责企业材料供应管理的规划、总结，并推广交流先进经验；⑩组织材料人员的业务学习和培训。

第三节　材料管理体制的沿革

我国的材料管理体制，长期采取的是一种集中的材料计划分配供应体制形式。这种体制形式的形成和发展，就全国范围来讲大体可以归纳为五个阶段：

一、第一个五年计划时期（1953～1957 年）

在国民经济恢复时期，我国开始对某些生产资料，实行全国的计划调度。1949 年在国务院财经委员会计划局设有物资分配处。与此同时，东北地区对钢材、煤炭 8 种物资进行直接调度。从 1950 年 10 月起，煤炭、钢材、木材、水泥、纯碱、杂铜、机床、麻袋 8 种重要物资，在大区之间平衡调度。1951 年，管理品种增加到 33 种，1952 年增加到 55 种。

从 1953 年开始，我国着手于大规模的经济建设，在全国开始建立国民经济计划管理制度同时，也开始对重要的生产资料在全国的范围内实行国家统一平衡分配的制度。即按照生产资料在国民经济中的重要程度和产销特点分为统配、部管和地管三种类型进行管理。与此同时，中央和各省（市、自治区）分别成立了物资供应总局和物资供应局，国务院各部委和各省（市、自治区）的主管厅、局也相应地设置了物资供销机构。

随着经济建设的全面展开，中央统一分配的物资也逐年增多。1953年为227种（其中统配112种、部管115种）。到1957年增加到532种（其中统配231种，部管301种）。根据当时多种经济成分并存的现实情况，采取了不同的分配、供应方式。国营企业、高级形式的公私合营企业、少数重点手工业以及重点建设项目所需的物资，由国家分配原材料，设备和组织产品销售，由工业部门按计划组织供、需双方直接签订合同。对其他集体所有制企业和私营企业等，都通过商业环节，以加工订货、统购包销、市场供应等办法组织产、供、销。在价格上采取调拨价和市场价两种价格制度。

采取直接计划与间接计划相结合的两种计划方式；两个供应体系；两种价格体系的办法这在当时有利地促进了生产力的发展和生产关系的变革。一方面集中使用了有限的物力，保证了对国民经济有重大影响的重点生产：企业和基本建设单位所需重要物资的供应；另一方面又保持了较大的灵活性，基本上做到了物尽其用，货畅其流。

二、第二个五年计划和调整时期

从第二个五年计划开始，采取间接计划形式，通过商业部门物资供应范围逐步缩小，计划分配代替了市场供应。两种分配方式，两个供应体系相结合的物资流通形式，演变为单一的计划分配的物资流通形式。

1958年，中央决定改（变）革物资分配体制，实行地区平衡办法，大批中央直属企业下放地方管理，物资管理权也随之下放给地方。全国统一分配的物资减少到132种，地方管理的产品大大增加。1959年一季度，统配，部管物资的品种比上半年减少了70%。这样一来，就普遍出现了各地区要求留用的多，调出的少，不但物资数量上不能平衡，在品种，规格方面的矛盾也更加突出，再加上下放时间急、下放品种和数量多，全国各地思想上、组织上都缺乏准备，原有的供需协作关系被打乱。为了扭转这一被动局面，中央在调整整个国民经济比例的同时，又决定加强对生产资料的流通管理，被下放的产品又陆续收回。由国家计委和中央有关部门主管分配的物资1960年又增加到417种；除煤炭、生铁等少数产品之外，也不再实行地区平衡的办法。

第二个五年计划后期和三年调整时期，为了贯彻执行"调整、巩固、充实、提高"的八字方针，对物资流通加强了统一组织和管理。1960年国家增设了物资管理总局，提出了要集中统一和按商品流通规律组织物资供销的物资工作方针，扩大了国家统一分配物资的范围。1965年国家统一分配的物资已达到592种。这种做法对保证国民经济的调整、恢复和发展起到了一定的积极作用，但存在着集中过多、统得过死的问题。

三、"文化大革命"时期

在"文化大革命"的十年动乱时期，物资流通工作遭到了极大的破坏。物资部门被列为彻底砸烂的机构，全国二十三个省（市、自治区）的物资厅（局）被撤消，许多物资专业公司和物资供应网点和服务队被解散，物资供应量大大减少，而且调度不灵。

在物资分配方面，1970年实行"地区平衡，差额调拨"的办法。同时，随着中央直属企业大批下放和实行在中央统一领导下"自下而上、上下结合，块块为主，条块结合"的计划体制，也对物资计划体制进行了重大改革。其重点是把一部分国家统配、部管物资下放给地方管理。国家统配物资、部管物资由1965年的592种减少到1972年的217种。但是，在实际执行中，计划体制规定的"块块为主，条块结合"的局面并没有真正形成。国务院部门下放的企业，多数没有真正放下去，这样就和物资上的地区平衡、固定调留比例，包干制度等办法产生了矛盾，造成了物资和生产任务不相衔接，国家计划得不到必要的物资保证的局面。

四、十一届三中全会前后时期（1977～1983年）

1976年粉碎"四人帮"以后，我国社会主义经济进入了新的历史发展时期，1978年召开了中国共产党十一届三中全会，作出了把工作重点转移到社会主义现代化建设上来的战略决策，确定了对国民经济实行"调整、改革、整顿、提高"的方针。与此相适应，物资供应体制也作了一些调整和改革。

在国家物资总局同各工业主管部门的关系上，在总的增加统配和部管产品的情况下，调整了统配和部管产品的目录，扩大了统配产品的范围。1978年统配产品为53种，部管产品为636种。1981年统配产品增加到256种，部管产品减到581种。各工业主管部门的产品销售，改以国家物资总局为主，各工业主管部门参与的双重领导关系。从1987年开始，冶金、林业、煤炭、一机等工业部门的产品销售机构和人员，又并入国家物资总局的相应专业公司，物资订货原则上由国家物资总局负责管理，并保证供应。国务院各工业主管部负责本部门所属企业生产消费物资的供应。

五、改革开放时期

党的十二届三中全会作出了经济体制改革的决定，我国的经济开始进入全面的改革开放时期，物资经济管理体制发生了较大的变化，物资流通得到进一步发展。

1988年5月，国务院批准了《关于深化物资体制改革的方案》，决定成立物资部，负责统筹规划和管理全国生产资料流通，其他国务院各部委的物资供应机构和物资供应工作也作了相应的调整。

指令性计划管理的物资品种、数量和比重不断减少，指导性计划和市场调节的范围逐步扩大。到 1990 年，国家指令性计划分配的物资只有 72 种，其中钢材占国内资源的比重为 42.5%，煤炭为 42%，五种有色金属为 36%，木材为 23%，水泥为 12%，汽车为 20%。在价格上，即使是指令性计划分配的物资，许多产品也都实行了计划内外一个价，有的虽然还保留着国家订价的形式，但价格水平已接近市场价，只有极少数的品种还存在一些价差。

物资流通作为一个产业得到了相当大的发展，初步形成了以国营物资流通企业为主体的物资流通体系。到 1990 年，全国物资部门已拥有国营物资企业 1.8 万个，大中型物资贸易中心 400 多个，经营网点 4.2 万个，职工 110 多万人，年销售额达到 2380 亿元，占全社会物资销售的 30% 以上，钢材约占 47%，有色金属占 48%。

第二章　材料消耗定额管理

第一节　概　　述

一、材料消耗定额与材料消耗定额管理

材料消耗定额管理是研究市政工程生产过程中材料消耗规律性（即材料与生产任务之间存在的一定的数量关系）的一项管理工作。它是材料供应与管理的一项重要基础工作。

施工生产要求低消耗高速度，即用最少的材料消耗，取得最大的经济效果。生产过程中，每日每时都在消耗大量的材料。合理地、节约地使用材料，降低材料消耗，提高材料的利用率，达到增加生产、扩大积累的目的，是社会主义经济的基本原则之一。加强材料消耗定额管理，推行合理的、先进的材料消耗定额，在宏观和微观的经济工作中都具有十分重要的意义。

材料消耗定额，是指在一定的生产技术组织管理条件下，完成单位产品或某项任务必须消耗的材料数量标准。

所谓一定的生产技术组织管理条件，首先是指一定的工程对象和结构性质，工程对象和结构不同，材料的消耗就不同；其次是指一定的施工工艺方法，采用的施工方法不同，材料的消耗也必然不同；第三是指一定的工人技术熟练程度，工人的技术熟练程度不同，也会导致材料消耗不同；第四是指一定的组织和管理水平。

材料消耗定额是材料利用程度的考核依据，是企业经济核算

的重要标准。材料定额是否先进合理，不仅反映了生产技术水平，同时也反映了生产组织管理水平。

材料消耗定额在一定的时期内应保持相对稳定，但随着技术的进步，工艺的改革，管理工作的加强和工作人员素质的提高，应适时重新修订材料消耗定额。

材料消耗定额是一个标准，具有严肃性和指令性。经批准的材料消耗定额，应严格执行。

二、材料消耗定额管理的作用

（一）正确制订和认真执行材料消耗定额是编制工程预算材料费用和材料计划，确定供应量的基础。

正确编制材料供应计划，要以合理的材料定额计算需用量，即以工程实物数量乘以材料消耗定额求得材料需用量，不能以"估计"、"大概"需用量来代替。

编制和确定工程预算材料费用时，需要以材料消耗定额为依据。其计算公式为：

工程预算材料费用 = $\sum$（分部分项工程实物量
$\times$材料消耗预算定额$\times$材料单价）

（二）正确制订和认真执行材料消耗定额是加强经济核算、考核经济效果的重要手段。

材料消耗定额是材料消耗的标准，是衡量材料节约或浪费的一个重要标志。有了材料消耗定额，就能分析影响生产成本的具体原因，是由于超定额浪费材料，还是由于材料供应不足造成的。材料消耗定额又是核算工程成本和企业实行经济责任制的重要依据。

（三）认真执行消耗定额是增产节约的重要措施。

认真执行材料消耗定额，是以先进合理的水平，对工程消耗的各种材料加以限额控制，不搞敞开供应，鼓励施工队组节约使用材料，降低材料消耗，以一定量的材料完成更多量的工程实体，达到以节约求增产的目的。

三、材料消耗的构成

在制订材料消耗预算定额时，应先分析材料消耗的构成，即在整个施工过程中，材料消耗的去向。一般说来，它包括以下三部分：

1. 净用量：即直接构成工程实体的材料消耗，也称有效消耗部分。

2. 工艺损耗（即工艺性操作损耗）：指在操作过程中的各种损耗。它由两个因素组成：一是材料加工准备过程中产生的损耗，如端头、短料、边角余料。二是在施工过程中产生的损耗，如砌墙、抹灰的掉灰等。工艺性损耗在施工过程中是不可避免的，但随着技术水平的提高，能够减少到最低程度。

3. 管理损耗（即非工艺性损耗）：如在运输、储存保管方面发生的材料损耗；供应条件不符合要求而造成的损耗，包括以大代小，优材劣用及其他管理不善造成的损耗等。非工艺损耗也是很难完全避免的，损耗量的大小与生产技术水平、组织管理水平密切有关。

四、建筑工程材料消耗定额的种类及其应用

（一）材料消耗预算定额

材料消耗预算定额是按社会必要劳动量确定的社会平均生产水平的材料消耗标准。建设工程材料消耗定额是按单位工程的分部分项工程计算确定的，项目较细，是编制工程预算和企业计划、确定材料采购供应量、与业主办理竣工结算的依据。

材料消耗预算定额的内容应包括完成单位工程量所必需的材料净用量合理的工艺损耗和合理的管理损耗。

（二）材料消耗施工定额

材料消耗施工定额是按平均先进的生产水平制订的材料消耗标准，通常由企业根据自己现有的条件所能达到的水平自行编制，是一种企业定额。它反映建筑企业的自身管理水平、工艺水

平和技术水平。

材料消耗施工定额是材料消耗定额中最详细的一种，具体反映了单位工程的每个部位、每个分项工程中每一操作项目所需材料的品种、规格和数量。内容包括完成单位工程量所必需的材料净用量和合理的损耗，材料消耗施工定额的定额水平应高于材料消耗预算定额的水平，即在同一操作项目中同一种材料的消耗量，施工定额规定的消耗数量少于预算定额的消耗量。

材料消耗施工定额主要用于企业内部，是编制施工计划和下达施工任务书、编制材料需用计划、组织定额供料或限额领料的依据，是核算工程成本、进行两算对比和经济活动分析的基础。

（三）材料消耗概算定额

材料消耗概算定额是按投资额度或单位工程量制定的所需材料的估算指标。这是一种管理性质的定额，具体形式有万元定额和平方米定额两种，主要用于初步设计阶段估算材料和设备的需用量，建筑企业的材料管理部门用来编制年度材料计划，即预测计划年度的材料需求量。

第二节　材料消耗定额的制定方法

制定材料消耗定额的目的是增加生产、厉行节约，既要保证施工生产的需要，又要降低消耗，提高企业经营管理水平，取得最佳经济效益。

一、制定材料消耗定额的原则

1. 合理控制消耗水平的原则

（1）材料消耗预算定额应反映社会平均消耗水平；

（2）材料消耗施工定额应反映企业个别的先进合理的消耗水平。

制定材料消耗施工定额是为了在保证工程质量的前提下节约使用材料，获得好的经济效果，因此，要求定额具有先进性和合理性，应是平均先进的定额。所谓平均先进水平，即是在当前的技术水平、装备条件及管理水平的状况下，大多数职工经过努力可以达到的水平。如果定额水平过高，可望而不可及，会影响职工的积极性；反之，若定额水平过低，无约束力，则起不到应有的作用。

2. 制定材料消耗定额，必须遵循综合经济效益的原则。要从加强企业管理、全面完成各项技术经济指标出发，而不能单纯的强调节约材料。降低材料消耗，应在保证工程质量、提高劳动生产率、改善劳动条件的前提下进行。所谓综合经济效益，就是优质、高产与低耗统一的原则。

二、制定材料消耗定额的要求

1. 定质。制定材料消耗定额应对所需材料的品种、规格、质量，作正确的选择，务必达到技术上可靠、经济上合理和采购供应上的可能。具体考虑的因素和要求是：品种、规格和质量均符合工程（产品）的技术设计要求，有良好的工艺性能、便于操作，有利于提高工效；采用通用、标准产品，尽量避免采用稀缺昂贵材料。

2. 定量。定量的关键在损耗。消耗定额中的净用量，一般是不变的量。定额的先进性主要反映在对损耗量的合理判断。正确合理地判断损耗量的大小，是制定消耗定额的关键。

在消耗材料过程中，总会产生损耗和废品。其中有部分属于当前生产管理水平所限而公认为不可避免的，应作为合理损耗计入定额；另一部分属现有条件下可以避免的，应作为浪费而不计入定额。究竟哪些属合理、哪些属不合理，要采取群专结合、以专为主的方式，正确判断和划分。

三、材料消耗定额制定的方法

制定消耗定额常用的方法主要有技术分析法、标准试验法、统计分析法、经验估算法和现场测定法。

1. 技术分析法。根据施工图纸、相关技术资料和施工工艺，确定选用材料的品种、性能、规格并计算出材料净用量与合理的操作损耗的方法。这是一种先进、科学的制定方法，因占有足够的技术资料作依据而得到普遍采用。

2. 标准试验法。标准试验通常是在试验室内利用专门仪器设备进行。通过试验求得完成单位工程量或生产单位产品的耗料数量，再对试验条件修正后，制定出材料消耗定额，如混凝土、砂浆的配合比，沥青玛琋脂等。

3. 统计分析法。按某分项工程实际材料消耗量与相应完成的实物工程量统计的数量，求出平均消耗量。在此基础上，再根据计划期与原统计期的不同因素并作适当调整后，确定材料消耗定额。

采用统计分析法时，为确保定额的先进水平，通常按以往实际消耗的平均先进数作为消耗定额，具体方法有两种：

①求平均先进数。从同类型结构工程的 10 个单位工程消耗量中，扣除上、下各 2 个最低和最高值后，取中间 6 个消耗量的平均值；

②将一定时期内比总平均数先进的各个消耗值，求出平均值，这个平均值即为平均先进数。

这种统计分析的方法，符合先进、合理的要求，常被各企业采用，但其准确性则随统计资料的准确程度而定。若能在统计资料的基础上，调整计划期的变化因素，就更能接近实际。

4. 经验估算法。根据有关制定定额的业务人员、操作者、技术人员的经验或已有资料，通过估算来制定材料消耗定额的方法。估算法具有实践性强、简便易行、制定迅速的优点，缺点是缺乏科学的计算依据、准确性不能保证。

经验估算法常用在急需临时估一个概算、无统计资料或虽有消耗量但不易计算（如某些辅助材料、工具、低值易耗品等）的情况。

5. 现场测定法。它是组织有经验的施工人员、老工人、业务人员，在现场实际操作过程中对完成单一产品的材料消耗进行实地观察和测定、写实记录，用以制定定额的方法。

显然，此法受被测对象的选择和参测人员的素质影响较大。因此，首先要求所选单项施工对象具有普遍性和代表性，其次，要求参测人员的思想、技术素质好，责任心强。

现场测定法的优点是目睹现实、真实可靠、易发现问题、利于消除一部分消耗不合理的浪费因素，可提供较为可靠的数据和资料。但工作量大，在具体施工操作中实测较难，还不可避免地会受到工艺技术条件、施工环境因素和参测人员水平等的限制。

综上所述，在制定材料消耗定额时，根据具体条件常采用一种方法为主，并通过必要的实测、分析、研究与计算，制定出具有平均先进水平的定额。

四、编制材料消耗定额的步骤

（一）确定净用量

材料消耗的净用量，一般用技术分析法或现场测定法计算确定。

如果是混合性材料，如各类混凝土及砂浆等，则先求所含几种材料的合理配合比，再分别求得各种材料的用量。

（二）确定损耗率

建设工程的设计方案确定后，材料消耗中的净用量是不变的，定额水平的高低主要表现在损耗的大小上。正确确定材料损耗率是制定材料消耗预算定额的关键。

施工生产中，材料在运输、中转、堆放保管、场内搬运和操作中都会产生一定的损耗。按性质不同，这种损耗可分为两类：一类是目前生产水平所不可避免的。如混凝土搅拌后向施工工作面运输过程中，由于运输设备不够严密，必然存在漏浆损失；在浇筑混凝土时，也必然存在着掉落损失。再如砖，在装、运、卸、储等一系列操作中，即使是轻拿轻放，也难免要破碎而形成损耗。这些均属普遍存在，在目前施工条件下无法避免的，因此需要作为合理的损耗计算到定额中去。另一类是在现有条件下可以避免的。如运输途中翻车所造成的损失，或是装运砖时利用翻斗汽车倾卸砖，或是保管材料不当而形成的材料损失，或是施工操作不慎造成质量事故的材料损失等。这些应看成是不合理的，属可以避免的损耗，不应计算到定额中去。材料损耗的确定通常采用现场测定法测出实际的损耗量，然后按下列几个公式计算确定：

1. 损耗率 = 损耗量 ÷ 总消耗量 × 100%
2. 损耗量 = 总消耗量 − 净用量
3. 净用量 = 总消耗量 − 损耗量
4. 总消耗量 = 净用量 ÷ （1 − 损耗率） = 净用量 + 损耗量

（三）计算定额耗用量

材料配合比和材料损耗率确定以后，就可核定材料耗用量了。根据规定的配合比，计算出每一单位产品实体积需用的材料数量，再按损耗率算出定额损耗量，两者相加就是材料消耗预算定额。

五、材料消耗概算定额的编制方法

材料消耗概算定额是以某个建筑物为单位或某种类型、某个部门的许多建筑物为单位而编制的定额，表现为每万元建筑安装工作量、每平方米面积的材料消耗量。材料消耗概算定额是材料消耗预算定额的扩大与合并，因此比材料消耗预算定额要粗略，它一般只反映主要材料的大致需要数量。

（一）编制材料消耗概算定额的基本方法

一般有两种

1. 统计分析法。对一个阶段实际完成的建安工作量、竣工面积、材料消耗情况，采用统计分析法计算确定材料消耗概算定额。

2. 技术计算法。根据建筑工程的设计图纸所反映的实物工程量，用材料消耗预算定额计算出材料消耗量，加以汇总整理而成。

（二）材料消耗概算定额应按下列情况分类编制

1. 一个系统综合一阶段（一般为一年）内完成的建筑安装工作量、竣工面积、材料实耗数量计算的万元定额或平方米定额。

2. 按不同类型工程制订的材料消耗概算定额

以上综合性材料消耗概算定额在任务性质相仿的情况下是可行的。但如果年度中不同类型的工程所占比例不同，最好按不同类型分别计算制订材料消耗概算定额，以求比较切合实际。

3. 按不同类型工程和不同结构制订的材料消耗概算定额

同一类型的工程，当其结构特点不同时，耗用材料数量也不同。为了适合各个工程不同结构的特点，应进一步按不同结构制订材料消耗概算定额。

4. 典型工程按材料消耗预算定额详细计算后汇总而成的平方米定额或万元定额。

第三节　材料消耗定额的管理

搞好材料消耗定额管理，是搞好材料管理的基础，也是加强经济核算，促进节约使用材料，降低工程成本的有效途径。材料消耗定额的制订、执行和修改，是一项技术性很强、工作量很大、涉及面很广的艰巨复杂的工作。

加强材料消耗定额的管理，主要应做好以下几方面的工作：

一、配备好材料定额管理人员

材料定额制定后，必须认真贯彻执行。企业应配备人员做好下列管理工作：

1. 在贯彻执行各类定额的工作中，由专职人员负责定额的解释和业务指导。

2. 对基层使用定额的情况进行检查，发现问题，及时纠正。

3. 做好定额的考核工作，对各单位执行定额的水平、节超原因，要能基本掌握。

4. 收集积累有关定额的资料，拟订补充定额和定期组织修改定额。

二、正确使用材料定额

使用材料消耗定额，必须考虑三个因素：

（1）工程项目设计的要求。如混凝土路面定额厚度为180mm，而实际设计要求200mm时，材料的需用量就应作相应的增加。

（2）所用材料的质量。如水泥的强度等级、黄砂及石料的规格要求等，若和定额规定的不同，要进行换算。

（3）工程内容及工艺要求。如混凝土浇捣的不同工艺要求，预制或现捣需用材料数量不一样。

三、做好定额的考核工作

材料消耗定额的考核，目的在于促使企业不断改善经营管理，提高操作技术水平，采用新技术，合理使用原材料，促使生产高速度发展。

市政工程企业内部，对现场材料消耗的考核，应以分部分项工程为主，以限额领料单为依据。

材料消耗定额的考核，主要考核单位产品的材料消耗量，即每个分部分项工程平均实际消耗的材料数量。

产品产量是指经验收合格的产品数量，不包括废品。对施工现场来说，就是质量合格的分部分项工程的工程量。

原材料实际总消耗量是指生产该产品自投料开始至制出成品的整个生产过程中所消耗的材料数量，废品和返工所消耗的材料，应计算在正品的单耗内。

当产品跨月生产时，应考虑在制品的材料消耗数量。因为在这种情况下，报告期初及期末都将有一部分产品已完成生产，其余则处于在制品状态，保留在生产过程各个环节，因而，准确地掌握材料消耗量，必须在本期投料数的基础上，加上期初并减去期末在制品的材料消耗量。

收集和积累材料定额执行情况的资料，经常进行调查研究和分析工作，是材料定额管理中的一项重要工作，不仅能弄清材料使用上节约和浪费的原因，研究材料的消耗规律，而且更重要的是揭露浪费，堵塞漏洞，促使进一步降低材料单耗，降低工程成本，并为今后修改和补充定额提供可靠资料。

第三章　材料计划管理

第一节　材料计划管理概述

材料管理应确定一定时期内所能达到的目标，材料计划就是为实现材料工作目标所做的具体部署和安排。材料计划是企业材料部门的行动纲领，对组织材料资源，满足施工生产需要，提高企业经济效益，具有十分重要的作用。

一、材料计划管理的概念

材料计划管理，就是运用计划手段组织、指导、监督、调节材料的采购、供应、储备、使用等一系列工作的总称。

社会主义市场经济的确立，要求企业根据生产经营的规律，进行市场预测、需求预测，有计划地安排材料的采购、供应、储备，以适应变化迅速的市场形势。

第一，应确立材料供求平衡的概念。供求平衡是材料计划管理的首要目标。宏观上的供求平衡，使基本建设投资规模，必须建立在社会资源条件允许情况下，才有材料市场的供求平衡，才可寻求企业内部的供求平衡。材料部门应积极组织资源，在供应计划上不留缺口，使企业完成施工生产任务有坚实的物质保证。

第二，应确立指令性计划、指导性计划和市场调节相结合的观念。市场的作用在材料管理中所占份额越来越大，编制计划、执行计划均应在这种观念的指导下，使计划切实可行。

第三，应确立多渠道、多层次筹措和开发资源的观念。多渠道、少环节是我国材料管理体制改革的一贯方针。企业一方面应充分利用市场、占有市场，开发资源；另一方面应狠抓企业管理、依靠技术进步、提高材料使用效能、降低材料消耗。

二、材料计划管理的任务

（一）为实现企业经济目标做好物质准备

市政企业的经营发展，需要材料部门提供物质保证。材料部门必须适应企业发展的规模、速度和要求，只有这样才能保证企业经营顺利进行。为此材料部门应做到经济采购，合理运输，降低消耗，加速周转，以最少的资金获得最优的经济效果。

（二）做好平衡协调工作

材料计划的平衡是施工生产各部门协调工作的基础。材料部门一方面应掌握施工任务，核实需用情况，另一方面要查清内外资源，了解供需状况，掌握市场信息，确定周转储备，搞好材料品种、规格及项目的平衡配套，保证生产顺利进行。

（三）采取措施，促进材料的合理使用

市政施工露天作业，操作条件差，浪费材料的问题长期存在。因此必须加强材料的计划管理。通过计划指标、消耗定额，控制材料使用，并采取一定的手段，如检查、考核、承包等，提高材料的使用效益，从而提高供应水平。

（四）建立建全材料计划管理制度

材料计划的有效作用是建立在材料计划的高质量的基础上的。建立科学的、连续的、稳定的和严肃的计划指标体系，是保证计划制度良好运行的基础。健全计划流转程序和制度，可以保证施工正常进行。

三、材料计划的分类

（一）材料计划按照材料的使用方向，分为生产材料计划和基本建设材料计划。

1. 生产材料计划，是指施工企业所属工业企业，为完成生产计划而编制的材料需用计划。如周转材料生产和维修、建材产品生产等。其所需材料数量一般是按其生产的产品数量和该产品消耗定额进行计算确定。

2. 基本建设材料计划，包括自身基建项目、承建基建项目的材料计划。其材料计划的编制，通常应根据承包协议和分工范围及供应方式而编制。

（二）按照材料计划的用途分，包括材料需用计划、申请计划、供应计划、加工订货计划和采购计划。

（1）材料需用计划：这是材料需用单位根据计划生产建设任务对材料的需求编制的材料计划，是整个国民经济材料计划管理的基础。

（2）临时追加材料计划：由于设计修改或任务调整，原计划品种、规格、数量的错漏，施工中采取临时技术措施，机械设备发生故障需及时修复等原因，需要采取临时措施解决的材料计划，叫临时追加用料计划。列入临时计划的一般是急用材料，要作为重点供应。如费用超支和材料超用，应查明原因，分清责任，办理签证，由责任的一方承担经济责任。

四、编制材料计划的步骤

施工企业常用的材料计划，是按照计划的用途和执行时间编制的年、季、月的材料需用计划、申请计划、供应计划、加工订货计划和采购计划。在编制材料计划时，应遵循以下步骤：

1. 各建设项目及生产部门按照材料使用方向，分单位工程，作工程用料分析，根据计划期内完成的生产任务量及下一步生产中需提前加工准备的材料数量，编制材料需用计划。

2. 根据项目或生产部门现有材料库存情况，结合材料需用计划，并适当考虑计划期末周转储备量，按照采购供应的分工，编制项目材料申请计划，分报各供应部门。

3. 负责某项材料供应的部门，汇总各项目及生产部门提报的申请计划，结合供应部门现有资源，全面考虑企业周转储备，进行综合平衡，确定对各项目及生产部门的供应品种、规格、数量及时间，并具体落实供应措施，编制供应计划。

4. 按照供应计划所确定的措施，如：采购、加工订货等，分别编制措施落实计划，即采购计划和加工订货计划，确保供应计划的实现。

五、影响材料计划管理的因素

材料计划的编制和执行中，常受到多种因素的制约，处理不当极易影响计划的编制质量和执行效果。影响因素主要来自企业外部和企业内部两个方面。

企业内部影响因素，主要是企业内部门的衔接环节较薄弱造成的。如生产部门提供的生产计划，技术部门要求的技术措施和工艺手段，劳资部门下达的工作量指标等，只有及时提供准确的资料，才能使计划制定有依据而且可行。同时，要经常检查计划执行情况，发现问题及时调整。计划期末必须对执行情况进行考核，为总结经验和编制下期计划提供依据。

企业外部影响因素主要表现在材料市场的变化因素及与施工生产相关的因素。如材料政策因素、自然气候因素等。材料部门应及时了解和预测市场供求及变化情况，采取措施保证施工用料的相对稳定。掌握气候变化信息，特别是对冬、雨季期间的技术处理，劳动力调配，工程进度的变化调整等均应作出预计和考虑。

编制材料计划应实事求是，积极稳妥，不留缺口，使计划切实可行。执行中应严肃、认真，为达到计划的预期目标打好基础。定期检查和指导计划的执行，提高计划制定水平和执行水平。考核材料计划完成情况及效果，可以有效地提高计划管理质量，增强计划的控制功能。

第二节 材料计划的编制和实施

一、材料计划的编制原则

为了使制订的材料计划能够反映客观实际，充分发挥它对物资流通经济活动的指导作用，在计划的编制过程中必须遵循一定的原则。编制材料计划必须遵循以下原则：

（一）政策性原则

所谓政策性原则，就是在材料计划的编制过程中必须坚决贯彻执行党和国家有关经济工作的方针和政策。

材料计划是国民经济计划的重要组成部分，它和国家经济其它计划存在着互相依存和互相制约的关系。材料计划不只是整个国民经济计划在材料分配与供应方面的体现，同时，它也是使整个国民经济计划得以实现的保证。因此，编制材料计划的基本原则就是要在材料计划中充分体现出贯彻在同期国民经济整个计划中的各项方针、政策，即党和国家在计划期发展国民经济的各项方针、政策，必须贯彻在材料计划中，使它与国民经济其他计划共同形成一个不可分割的有机整体。这是编制材料计划的一项基本原则。

（二）实事求是的原则

材料计划是组织和指导材料流通经济活动的行动纲领。这就要求在物资计划的编制中始终坚持实事求是的原则。具体地说，就是要求计划指标具有先进性和可行性，指标过高或过低都不行。在实际工作中，要认真总结经验，深入基层和生产建设的第一线，进行调查研究，通过精确计算，把计划订在既积极又可靠的基础上，使计划尽可能符合客观实际情况。

（三）积极可靠，留有余地的原则

搞好材料供需平衡，是材料计划的编制工作中的重要环节。在进行平衡分配时，要做到积极可靠，留有余地。所谓积极，就是说，指标要先进，应是在充分发挥主观能动性的基础上，经过认真的努力能够完成的；所谓可靠，就是说，必须经过认真的核算，有科学依据。留有余地，就是说在分配指标的安排上，要保留一定数量的储备。这样就可以随时应付执行过程中临时增加的需要量。

（四）保证重点，照顾一般的原则

没有重点，就没有政策。一般来说，重点部门，重点企业、重点建设项目是对全局有巨大而深远影响的，必须在物资上给予切实保证。但一般部门、一般企业和一般建设项目也应适当予以安排，在物资分配与供应计划中，区别重点与一般，正确地妥善安排，是一项极为细致、复杂的工作。

二、材料计划的编制准备

（一）要有正确的指导思想

市政工程企业的施工生产活动与国家各个时期国民经济的发展，有着密切的联系，为了很好地组织施工，必须学习党和国家有关方针政策，掌握上级有关材料管理的经济政策，使企业材料管理工作，沿着正确方向发展。

（二）收集资料

编制材料计划要建立在可靠的基础上，首先要收集各项有关资料数据，包括上期材料消耗水平，上期施工作业计划执行情况，摸清库存情况，以及周转材料、工具的库存和使用情况等。

（三）了解市场信息

市场资源是目前市政工程企业解决需用材料的主要渠道，编制材料计划时必须了解市场资源情况，市场供需状况，是组织平衡的重要内容，不能忽视。

三、材料需要量的构成

材料需要量的构成，主要有以下几种：

1. 生产建设对材料需要的数量，是指计划期内进行生产、基本建设及从事经济活动对材料需要的数量。具体只分为生产产品、基本建设、企业经营维修和科研等项任务时材料的需要量。

2. 市场民用对材料需要的数量，是指计划内直接用于人民生活消耗和投放市场以满足社会各方面对材料的需要量。

3. 合理储备对材料需要的数量，是指为了保证不间断地供应再生产需要的材料，在计划内必须保持停留在流通领域或生产领域内储存的那部分材料的需要量。

4. 出口援外对材料需要的数量，是指对外贸易和援助国外建设对材料的需要量。

5. 其他需要量，是指不包括上述范围的需要，如地区协作、租赁业务等的需要量。

四、材料计划的编制程序

（一）计算需用量

确定材料需要量是编制材料计划的重要环节，是搞好材料平衡、解决供求矛盾的关键。因此在确定材料需要量时，不仅要坚持实事求是的原则，力求全面正确地来确定需要量，要注意运用正确的方法。

材料需要量应该确定得科学合理。就是要把材料需要量确定为保证完成计划各种任务所需的足够而且是最低的数量。材料需要量确定得正确与否，对能否在合理使用材料资源的条件下及时、齐备地进行供应，顺利完成生产建设计划有很大影响。需要量定得过高，会造成材料积压浪费，资金周转不灵，提高成本，需要量定得过低，会造成材料供应不足，二者都会影响生产建设的进行。

由于各项需要的特点不同，其确定需要量的方法也不同。通常用以下几种方法确定：

1. 直接计算法：就是用直接资料计算材料需要量的方法，主要有以下两种形式。

（1）定额计算法，就是依据计划任务量和材料消耗定额，单机配套定额来确定材料需要量的方法。其公式是：

$$计划需要量 = 计划任务量 \times 材料消耗定额$$

在计划任务量一定的情况下，影响材料需要量的主要因素就是定额。如果定额不准，计算出的需要量就难以确定。

（2）万元比例法：是根据基本建设投资总额和每万元投资额平均消耗材料来计算需要量的方法。这种方法主要是在综合部分使用，它是基本建设需要量的常用方法之一。其公式如下：

$$计划需要量 = 某项工程总投资额（万元） \times 万元消耗材料数量$$

用这种方法计算出的材料需要量误差较大，但用于概算基建用料，审查基建材料计划指标，是简便有效的。

2. 间接计算法：这是运用一定的比例，系数和经验来估算材料需要量的方法。

（1）动态分析法，是对历史资料进行分析、研究，找出计划任务量与材料消耗量变化的规律计算材料需要量的方法。其公式如下：

$$计划需要量 = 计划期任务量/上期预计完成任务量 \times 上期预计所消耗材料总量 \times （1 \pm 材料消耗增减系数）$$

或

$$计划需要量 = 计划任务量 \times 上期预计单位任务材料消耗量 \times （1 \pm 材料消耗增减系数）$$

公式中的材料消耗系数，一般是根据上期预计消耗量的增减趋势，结合计划期的可能性来决定的。

（2）类比计算法，是指生产某项产品时，既无消耗定额，也无历史资料参考的情况下，参照同类产品的消耗定额计算需要量的方法。其计算公式如下：

$$计划需要量 = 计划任务量 \times 类似产品的材料消耗量 \times （1 \pm 调整系数）$$

上式中的调整系数可根据二种产品材料消耗量不同的因素来确定。

（3）经验统计法，这是凭借工作经验和调查资料，经过简单计算来确定材料需要量的一种方法。经验统计法常用于确定维修、各项辅助材料及不便制定消耗定额的材料需要量。

间接计算法的计算结果往往不够准确，在执行中要加强检查分析，及时进行调整。

（二）确定实际需用量，编制材料需用计划

根据各工程项目计算的需用量，进一步核算实际需用量。核算的依据有以下几个方面：

1. 对于一些通用性材料，在工程进行初期阶段，考虑到可能出现的施工进度超期因素，一般都略加大储备，因此其实际需用量就略大计划需用量。

2. 在工程竣工阶段，因考虑到工完料清场地净，防止工程竣工材料积压，一般是利用库存控制进料，这样实际需用量要略小于计划需用量。

3. 对于一些特殊材料，为保证工程质量，往往是要求一批进料，所以计划需用量虽只是一部分，但在申请采购中往往是一次购进，这样实际需用量就要大大增加。实际需用量的计算公式如下：

实际需用量 = 计划需用量 ± 调整因素

（三）编制材料申请计划

需要上级供应的材料，应编制申请计划。申请量的计算公式如下：

材料申请量 = 实际需用量 + 计划储备量 − 期初库存量

（四）编制材料供应计划

供应计划是材料计划的实施计划，材料供应部门根据用料单位提报的申请计划及各种资源渠道的供货情况、储备情况，进行总需用量与总供应量的平衡，并在此基础上编制对各用料单位或项目的供应计划，并明确供应措施，如利用库存、市场采购、加工订货等。

（五）编制供应措施计划

在供应计划中所明确的供应措施，必须有相应的实施计划。

如市场采购，须相应编制采购计划；加工订货，须有加工订货合同及进货安排计划，以确保供应工作的完成。

五、材料计划的实施

材料计划的编制只是计划工作的开始，而更重要的工作还是在计划编制以后，就是材料计划的实施。材料计划的实施，是材料计划工作的关键。

（一）组织材料计划的实施

材料计划工作是以材料需用计划为基础，材料供应计划是企业材料经济活动的主导计划，可使企业材料系统的各部门，不仅了解本系统的总目标和本部门的具体任务，而且了解各部门在完成任务中的相互关系，组织各部门从满足施工需要总体要求出发，采取有效措施，保证各自任务的完成，从而保证材料计划的实施。

（二）协调材料计划实施中出现的问题

材料计划在实施过程中常受到内部或外部的各种因素的干扰，一般有以下几种因素：

1. 施工任务的改变。计划实施中施工任务改变，临时增加任务或临时削减任务。任务改变的原因一般是由于国家基建投资计划的改变、建设单位计划的改变、或施工力量的调整等，因而材料计划亦应作相应调整，否则就要影响材料计划的实现。

2. 设计变更。工程筹措阶段或施工过程中，往往会遇到设计变更，影响材料的需用数量和品种规格，必须及时采取措施，进行协调，尽可能减少影响，以保证材料计划执行。

3. 采购情况变化。到货合同或生产厂家的生产情况发生了变化，影响材料的及时供应。

4. 施工进度变化。施工进度计划的提前或推迟，也会影响到材料计划的正确执行。

在材料计划发生变化的情况下，要加强材料计划的协调作用，做好以下几项工作：

（1）挖掘内部潜力，利用储备库存以解决临时供应不及时的矛盾；

（2）利用市场调节的有利因素，及时向市场采购；

（3）同供料单位协商临时增加或减少供应量；

（4）和有关单位进行余缺调剂；

（5）在企业内部有关部门之间进行协商，对施工生产计划和材料计划进行必要的修改。

为了做好协调工作，必须掌握动态，了解材料系统各个环节的工作进程，一般通过统计检查，实地调查，信息交流等方法，检查各有关部门对材料计划的执行情况，及时进行协调，以保证材料计划的实现。

（三）建立计划分析和检查制度

为了及时发现计划执行中的问题，保证计划的全面完成，建筑企业应从上到下按照计划的分级管理职责，在检查反馈信息的基础上进行计划的检查与分析。

一般应建立以下几种计划检查与分析制度。

1. 现场检查制度。基层领导人员应经常深入施工现场，随时掌握生产进行过程中的实际情况，了解工程形象进度是否正常，资源供应是否协调，各专业队组是否达到劳动定额及完成任务的好坏，做到及早发现问题，及时加以解决，并如实向上一级反映情况。

2. 定期检查制度。建筑企业各级组织机构应有定期的生产会议制度，检查与分析计划的完成情况。一般公司级生产会议每月 2 次，工程处一级每周 1 次，施工队则每日应有生产碰头会。通过这些会议检查分析工程形象进度、资源供应、各专业队组完成定额的情况等，做到统一思想、统一目标，及时解决各种问题。

3. 统计检查制度。统计是检查企业计划完成情况的有力工具，是企业经营活动的各个方面在时间和数量方面的计算和反映。它为各级计划管理部门了解情况、决策、指导工作、制订和检查计划提供可靠的数据和情况。通过统计报表和文字分析，及时准确地反映计划完成的程度和计划执行中的问题，反映基层施工中的薄弱环节，是揭露矛盾、研究措施、跟踪计划和分析施工动态的依据。

（四）计划的变更和修订

实践证明，物资计划的变更是常见的、正常的。物资计划的多变，是由它本身的性质所决定的。计划总是人们在认识客观世界的基础上制定出来的，它受人们的认识能力和客观条件所制约，所编制出的计划的质量就会有差异，计划与实际脱节往往不可能完全避免，一经发现，就应调整原计划。同时，有些问题，如自然灾害、战争等突然事件，一般不易被认识，一旦发生，会引起材料资源和需求的重大变化。再者，材料计划涉及面广，与各部门、各地区、各企业都有关系，一方有变，牵动他方，也使材料资源和需要发生变化。这些客观条件的变化必然引起原计划的变更。为了使计划更加符合实际，维护计划的严肃性，就需要对计划及时调整和修订。

材料计划的变更及修订，除了上述基本原因以外，还有一些具体原因。一般地讲，出现了下述情况，也需要对材料计划进行调整和修订。如：

1. 任务量变化。任务量是确定材料需用的主要依据之一，任务量的增加或减少，都将相应地引起材料需要的追加和减少，在编制材料计划时，不可能将计划任务变动的各种因素都考虑在内，只有待问题出现后，通过调整原计划来解决。

2. 设计变更。这里分三种情况：

第一，在项目施工过程中，由于技术革新，增加了新的材料品种，原计划需要的材料出现多余，就要减少需要；或者根据用户的意见对原设计方案进行修订，则所需材料的品种和数量将发生变化。

第二，在基本建设中，由于编制材料计划时，图纸和技术资料尚不齐全，原计划实属估算需要，待图纸和资料到齐后，材料实际需要常与原估算情况有所出入。这时也需要调整材料计划。同时，由于现场地质条件及施工中可能出现的变化因素，需要改变结构，改变设备型号，材料计划调整不可避免。

第三，在工具和设备修理中，编制计划时很难预计修理需要的材料，实际修理需用的材料与原计划中申请材料常常有所出入，调整材料计划完全有必要。

3. 工艺变动。设计变更必然引起工艺变更，需要的材料当然就不一样。设计未变，但工艺变了，加工方法、操作方法变了，材料消耗可能与原来不一样，物资计划也要作相应调整。

4. 其他原因。如计划期初预计库存不正确，材料消耗定额变了，计划有误等，都可能引起材料计划的变更，需要对原计划进行调整和修订。

根据我国多年的实践，材料计划变更主要是由生产建设任务的变更所引起的。其他变更对材料计划当然也发生一定影响，但变更的数量远比生产和基建计划变更为少。

由于上述种种原因，必须对物资计划进行合理的修订及调整。如不及时修订，将使企业发生停工待料的危险，或使企业材料大量闲置积压。这不仅会使生产建设受到影响，而且也直接影响企业的财务状况。因此，必须及时调整和修订材料计划。

材料计划的变更及修订主要有如下三种方法：

第一，全面调整或修订。这主要是指材料资源和需要发生了大的变化时的调整，如前述的自然灾害，战争或经济调整等，都可能使资源与需要发生重大变化，这时需要全面调整计划。

第二，专案调整或修订。这主要是指由于某项任务的突然增减，或由于某种原因，工程提前或延后施工；或生产建设中出现突然情况等，使局部资源和需要发生了较大变化，一般用待分配材料安排或当年储备解决，必要时通过调整供应计划解决。

第三，临时调整或修订。如生产和施工过程中，临时发生变化，就必须临时调整，这种调整也属于局部性调整，主要是通过调整材料供应计划来解决。

为了把材料计划的调整及修订工作做好，在材料计划的调整及修订中应注意下列问题。

第一，维护计划的严肃性，实事求是地调整计划。

在执行材料计划的过程中，根据实际情况的不断变化，对计划作相应的调整或修订是完全必要的。但是要注意避免轻易变更计划，无视计划的严肃性，认为有无计划都得保证供应，甚至违反计划、用计划内材料搞计划外项目，也通过变更计划来满足。当然，不能把计划看作是一成不变的，在任何情况下都机械地强调维持原来的计划，明明计划已不符合客观实际的需要，仍不去调整、修订、解决，这也和事物的发展规律相违背。正确的态度和做法是，在维护计划严肃性的同时，坚持计划的原则性和灵活性的统一，实事求是地调整和修订计划。

第二，权衡利弊，尽可能把调整计划压缩到最小限度。

调整计划虽然是完全必要的，但许多时候调整计划总要或多或少地造成一些损失。所以在调整计划时，一定要权衡利弊，把调整的范围压缩到最小限度，使损失尽可能地减少。

第三，及时掌握情况，归纳起来有以下三个主要方面：

（1）做好材料计划的调整或修订工作，材料部门必须主动和各方面加强联系，掌握计划任务安排和落实情况，如了解生产建设任务和基本建设项目的安排与进度；了解主要设备和关键材料的准备情况；对一般材料也应按需要逐项检查落实，如果发生偏差，迅速反馈，采取措施，加以调整。

（2）掌握材料的消耗情况，找出材料消耗升降的原因，加强定额管理，控制发料，防止超定额用料而调整申请量。

（3）掌握资源的供应情况。不仅要掌握库存和在途材料的动态，还要掌握供方能否按时交货等情况。

掌握上述三方面的情况，实际上就是要求做到需用清楚，消耗清楚和资源清楚，以利于材料计划的调整和修订。

第四，应妥善处理、解决调整和修订材料计划中的相关问题。

物资计划的调整或修订，追加或减少的材料，一般以内部平衡调剂为原则，减少部分或追加部分内部处理不了或不能解决，应报上级主管材料分配的部门处理。要特别注意的是，要防止在调整计划中拆东墙补西墙，冲击原计划的做法。没有特殊原因，追加物资应通过机动资源和增产解决。

（五）考评执行材料计划的经济效果

材料计划的执行效果，应该有一个科学的考评方法，一个重要内容就是建立材料计划指标体系，它包括下列指标：

（1）采购量及到货率；

（2）供应量及配套率；

（3）自有运输设备的运输量；

（4）占用流动资金及资金周转次数；

（5）材料成本的降低率；

（6）三大材料的节约率和节约额。

通过指标考评，激励各部门实施材料计划。

第四章 材料供应及运输管理

第一节 材料供应管理概述

材料供应管理是指市政工程企业对其所需的各种材料进行有计划的采购、保管、供应、合理使用、节约代用和综合利用等一系列管理工作的总称。它对保证市政工程企业生产建设顺利进行，合理地、节约地使用材料，克服材料浪费现象，改进施工生产技术，加速材料和资金周转，提高市政工程企业的经济效益，具有十分重要的意义。

市政工程企业在生产建设中，一刻也不能离开材料供应。如果材料供应断了，施工生产就停止了，也就谈不上"优质、高效、低成本"地完成施工生产任务。因此材料管理工作的好坏，直接影响到生产建设的进程。

现代市政工程施工技术复杂，所需的材料量大、品种繁多、规格型号复杂、生产渠道多，有些材料的生产受季节性影响较大，随着材料管理体制的改革不断深入，指令性计划分配材料比重逐年减少，市场调节材料比重逐年增大，工程造价不断提高，因此材料供应管理工作显得尤为重要。

一、材料供应管理的特点

市政企业是具有独特生产和经营方式的企业。由于建筑产品形体大，且由若干分部分项工程组成，并直接建造在土地上，每一产品都有特定的使用方向。这就决定了建筑产品生产的许多特点，如流动性施工、露天操作、多工种混合作业等。这些特点都会给施工生产紧密相连的材料供应带来一定的特殊性和复杂性。

（一）市政用料品种规格多，既有大宗材料，又有零星材料，来源复杂

建筑产品的固定性，造成了施工生产的流动性，决定了材料供应管理必须随生产而转移。每一次转移必然形成一套新的供应、运输、贮存工作。再加之每一产品功能不同、施工工艺不同、施工管理体制不同，一般工程中，常用的材料品种均在上千种，若细分到规格，可达上万种。在材料供应管理过程中，要根据施工进度要求，按照各部位、各分项工程、各操作内容供应这上万种规格的材料，就形成了材料部门日常大量的复杂的业务工作。

（二）用量多，重量大，需要大量的运力

市政产品形体大使得材料需用数量大、品种规格多，由此带来的运输量必然大。由此可见，材料的运输、验收、保管、发放工作量之大，要求材料人员应具有较宽的知识面，了解各种材料的性能特点、功用和保管方法。我国货物运输的主要方式是铁路运输，全国铁路运输中近1/4是运输建筑施工用的各种材料，部分材料的价格组成因素上甚至绝大多数是运输费用。因此建筑企业中的材料供应涉及各行各业，部门广、内容多、工作量大，形成了材料供应管理的复杂性。

（三）材料供应必须满足需求多样性的要求

建设项目是由多个分项工程组成的，每个分项工程中都有各自的生产特点和材料需求特点。要求材料供应管理能按施工部位预计材料需求品种、规格进行备料，按照施工程序分期分批组织材料进场。企业中同一时期常有处于不同施工部位的多个建设项目，即使是处于同一施工阶段的项目，其内部也会因多工种连续和交叉作业造成材料需用的多样性，因此材料供应必然要满足需求多样性的要求。

（四）受气候和季节的影响大

施工操作的露天作业，最易受时间和季节性影响，由此形成了某种材料的季节性消耗和阶段性消耗，形成了材料供应不均衡

的特点。要求材料供应管理要有科学的预测、严密的计划和措施。

（五）材料供应受社会经济状况影响较大

生产资料是商品，因此社会生产资料市场的资源、价格、供求及与其紧密相关的投资金额、利税因素，都随时影响着材料供应工作。一定时期内基本建设投资回升，必然带来建筑施工项目增加、材料需求旺盛、市场资源相对趋紧、价格上扬，材料供需矛盾突出。反之，压缩基本建设投资或调整生产资料价格或国家税收、贷款政策的变化，都可能带来材料市场的疲软，材料需求相对弱小，材料供应松动，另外，要防止盲目采购、盲目储备而造成经济损失。

（六）施工中各种因素多变

如设计变更、施工任务调整或其他因素变化，必然带来材料需求变化，使材料供应数量增减、规格变更频繁，极易造成材料积压、资金超占，若材料采购发生困难则影响生产进度。为适应这些变化因素，材料供应部门必须具有较强的应变能力，且保证材料供应有可调余地，这无形中增加了材料供应管理的难度。

（七）对材料供应工作要求高，供应材料的质量要求也高

市政产品的质量，影响着市政产品功能的发挥，市政产品的生产是本着百年大计、质量第一的原则进行的。市政工程材料的供应，必须了解每一种材料的质量、性能、技术指标，并通过严格的验收、测试，保证施工部位的质量要求。市政产品是科学技术和艺术水平的综合体现，其施工中的专业性、配套性，都对材料供应管理提出了较高要求。

市政企业材料供应管理除上述特点外，还因企业管理水平、施工管理体制，施工队伍和材料人员素质不同而形成不同的供求特点。因此应充分了解这些因素，掌握变化规律，主动、有效地实施材料供应管理，保证施工生产的用料需求。

二、材料供应管理应遵循的原则

1. 从"有利生产，方便施工"的原则出发，建立健全的物

资供应管理工作方法和规章制度。物资供应管理工作要全心全意为施工生产第一线服务，想生产所想，急生产所急，千方百计为生产服务，当好施工生产的后勤。

2. 遵循"统筹兼顾、综合平衡、保证重点、照顾一般"的原则。材料管理工作必须从全局出发，对各项工程的需要要统筹兼顾、综合平衡，搞好合理调度，积极筹措材料资源，及时做好供应工作。要深入实际切实掌握施工生产进度，对需要情况摸准吃透，才能分清主次和轻重缓急，保证重点，照顾一般，把有限的材料用到最需要的关键部位。

3. 加强横向联合，合理组织资源，提高材料配套供应能力。由于施工企业自行组织配套的材料范围较大，因此需要加强对各种材料资源渠道的联合，切实掌握市场信息，合理组织配套供应，保证工程需要。

4. 坚持勤俭节约的原则，充分发挥物资的作用，使有限的材料发挥最大限度的经济效益。在材料供应管理中，要"管供、管用、管节约"。采取各种有效的经济管理措施，努力降低消耗。在保证供应的前提下，做到优材精用、废材代用，寻求代用物资，搞好修旧利废和综合回收、利用等节约措施，提高经济效益。

三、材料供应管理的任务

市政工程企业材料供应工作的主要任务有下面几项：

1. 编制材料供应计划。材料供应计划是组织订货或市场采购的主要依据，是搞好材料供应工作的重要保证。要提高材料供应计划质量，必须掌握施工生产任务的具体情况和所需材料的资源情况，运用综合平衡的方法，将施工生产的需要和资源衔接起来，同时发挥指挥、协调等职能，切实保证施工生产的需要。

2. 组织资源。组织资源是为保证供应、满足需要创造充分的材料条件，是材料供应工作的首要环节。搞好资源的组织，必须掌握材料的供应渠道和市场信息，根据国家政策、法规和企业的供应计划，办理订货、采购、加工等项业务，为施工生产提供物质保证。

3. 组织材料运输。运输是实现物资供应的必要手段，只有通过运输才能把组织到的材料资源运到工地和生产车间，从而满足施工生产的需要。根据材料供应目标要求物资运输必须遵守快速、安全的原则，正确选择方式。

4. 经济合理地确定材料储备。由于材料供需间存在时间、空间的差异，为了实现材料供应任务就必须适当储备。否则，不是造成待料，就是造成材料积压。材料储备必须适当、合理，一是要掌握施工生产需求情况，二是要了解资源情况。采用科学的方法确定材料储备数量，以保证材料供应的连续性。

5. 平衡调度。平衡调度是实现材料供应管理的手段，企业要建立材料供应管理工作体系，掌握动态，加强调度工作，完成材料供应管理工作任务。

6. 材料供应管理的分析和考核。是在会计核算、业务核算、统计核算的基础上，运用定量分析的方法，对企业材料供应的（经济）效果进行评价。

第二节　材料供应方式

一、直达供应和中转供应

按照材料流通过程经过的环节不同，材料供应方式有直达供应方式和中转供应方式两种。

（一）直达供应方式

直达供应指的是材料由生产企业直接供给需用单位，而不经过第三者。这种供应方式减少了中间环节，缩短了材料流通时间，减少了材料的装卸和搬运次数，节省了人力、物力和财力支出，因此降低了材料流通费用和材料途耗，加速了材料的周转。同时，由于供需双方的经济往来是直接进行的，可以加强双方的相互了解和协作，促进生产企业按需生产。需用单位可以及时反馈有关产品质量的信息，有利于生产企业提高产品质量，生产适销对路的产品。直达供应方式需要材料生产企业具有一支较强的销售队伍，当大宗材料和专用材料采取这种方式时，其工作效率高，流通效益好。

（二）中转供应方式

中转供应方式指的是材料由生产企业供给需用单位时，双方不直接发生经济往来，而由第三方衔接。

中转供应通过第三方与生产企业和需用单位联系，可以减少材料生产企业的销售工作量，同时也可以减少需用单位的订购工作量。使生产企业把精力集中于搞好生产。我国专门从事材料流通的材料供销机构遍布各地，形成了全国性的材料供销网。中转供应可以使需用单位就地就近组织订货，降低库存储备，加速资金周转。中转供应使处于流通领域的材料供销机构起到"集零为整"和"化整为零"的作用，也就是材料供销机构把各需用单位的需用集中起来（集零为整），向生产企业进行订购；把生产企业产品接收过来后，根据需用单位的不同需要，分别进行零星销售（化整为零）。这对提高整个社会的经济效果是有利的。

这种方式适用于消耗量小、通用性强、品种规格复杂、需求可变性较大的材料。如市政企业常用的零星小五金、辅助材料、工具等。它虽然增加了流通环节，但从保证配套、提高采购工作效率和就地就近采购看，也是一种不可少的材料供应方式。

（三）供应方式的选择

选择合理的供应方式，目的在于实现材料流通的合理化。材料流通是社会再生产的必要条件，但材料流通过程毕竟不是生产过程，它限制了材料的投入使用，限制了材料的价值增值。这种增值程度与流通时间的长短成反比例关系。材料的供应方式与材料流通时间长短有着密切关系，选择合理的供应方式能使材料用最短的流通时间、最少的费用投入，加速材料和资金周转，加快生产过程。选择供应方式时，主要应考虑下列因素：

1. 需用单位的生产规模。一般来讲生产规模大，需用同种材料的数量大，对于该种材料适宜直达供应；生产规模小，需要同种材料数量相对也少，对于该种材料适宜中转供应。

2. 需用单位生产特点。生产的阶段性和周期性往往产生阶段性和周期性的材料需用量较大，此时宜采取直达供应，反之可采取中转供应。

3. 材料的特性。专用材料，使用范围狭窄，以直达供应为宜；通用材料，使用范围广，当需用量不大时，以中转供应为宜。体大笨重的材料，如钢材、水泥、木材、煤炭等，以直达供应为宜；不宜多次装卸、搬运、储存条件要求较高的材料如玻璃、化工原料等，宜采取直达供应；品种规格多，而同一规格的需求量又不大的材料如辅助材料、工具等采用中转供应。

4. 运输条件。运输条件的好坏，直接关系到材料流通时间和费用多少。如铁路运输中的零担运费比整车运费高，运送时间长。因此一次发货量不够整车的，一般不宜采用直达供应，采用中转供应较好。需用单位离铁路线较近或有铁路专用线和装卸机械设备等，宜采用直达供应。需用单位如果远离铁路线，不同运输方式的联运业务又未广泛推行的情况下，则宜采用中转供应方式。

5. 供销机构的情况。处于流通领域的材料供销网点如果比较广泛和健全，离需用单位较近，库存材料的品种、规格比较齐全，能满足需用单位的要求，服务比较周到的，中转供应比重就会增加。

6. 生产企业的订货限额和发货限额。订货限额是生产企业接受订货的最低数量，如钢厂，对一般规格的普通钢材订货限额较高，对优质钢材和特殊规格钢材，一般用量较小，订货限额也较低。发货限额通常是以一个整车装载量为标准，采用集装箱时，则以一个集装箱的装载量为标准。某些普遍用量较小的材料和不便中转供应的材料如危险材料、腐蚀性材料等，其发货限额可低于上述标准。订货限额和发货限额订得过高，会影响直达供应的比重。

影响材料供应方式的因素是多方面的，而且往往是相互交织的，必须根据实际情况综合分析。

确定供应方式。供应方式选择恰当，能加速材料流通和资金周转，提高材料流通经济效果，选择不当，则会引起相反作用。

二、按供应单位对材料供应方式的分类

按照供应单位在建筑施工中的地位不同，材料供应方式有甲方供应方式、乙方供应方式和甲、乙双方联合供应方式三种。

（一）甲方供应方式

甲方供应方式就是建设项目开发部门或项目业主对建设项目实施材料供应的方式，甲方负责项目所需资金的筹集和资源组织，按照建筑企业编制的施工图预算负责材料的采购供应。施工企业只负责施工中材料的消耗及耗用核算。

甲方供应方式要求施工企业必须按生产进度和施工要求及时提出准确的材料计划。甲方根据计划按时、按质、按量、配套地供应材料，保证施工生产的顺利进行。

（二）乙方供应方式

乙方供应方式是由建筑企业根据生产特点和进度要求，负责材料的采购和供应。

乙方供应方式可以按照生产特点和进度要求组织进料，在所建项目之间进行材料的集中加工，综合配套供应，合理调配劳动力和材料资源，从而保证项目建设速度。乙方供应还可以根据各项目要求从生产厂大批量集中采购从而形成批量优势，采取直达供应方式，减少流通环节，降低流通费用支出。这种供应方式下的材料采购、供应、使用的成本核算，由乙方承担，这样必然有助于乙方加强材料管理，采取措施，节约使用材料。

（三）甲、乙双方联合供应方式

这种方式是指建设项目开发部门或建设项目业主和施工企业，根据分工确定的各自材料采购供应范围，实施材料供应的方式。由于是甲乙双方联合完成一个项目的材料供应，因此在项目开工前必须就材料供应中具体问题作明确分工，并签订材料供应合同。在合同中应明确以下内容：

1. 供应范围。包括项目施工用主要材料、辅助材料、水电材料、专用设备、各种制品、周转材料、工具用具等的分工范围。应明确到具体的材料品种甚至到规格。

2. 供应材料的交接方式。包括材料的验收、领用、发放、保管及运输方式和分工及责任划分；材料供应中可能出现问题的处理方法和程序。

3. 材料采购、供应、保管、运输、取费及有关费用的计取方式。包括采购保管费的计取、结算方法，成本核算方法，运输费的承担方式，现场二次搬运费、装卸费、试验费及其他费用。材料采购中价差核算方法及补偿方式。

4. 材料供应中可能出现的其他问题，如质量、价格认证及责任分工，材料供应对工期的影响等因素均应阐明要求，以促进双方的配合和协作。

甲乙双方联合供应方式，在目前是一种较普遍的供应方式。这种方式一方面可以充分利用甲方的资金优势、采购渠道优势，又能使施工企业发挥其主动性和灵活性，提高投资效益。但这种方式易出现采购供应中可能发生的交叉因素所带来的责任不清，因此必须有有效的材料供应合同作保证。

甲乙双方联合供应方式，一般由甲方负责主要材料、装饰材料和设备，乙方负责其他材料的分工形式为多；也有所有材料以甲方或乙方为主，另一方为辅的分工形式。无论哪种方式必定和资金、储备、运输的分工及其利益发生关系。因此，建筑企业在进行材料供应分工的谈判前，必须确定材料供应必保目标和争取目标，为建设项目的顺利施工和完成打好基础。

三、材料供应的数量控制方式

按照材料供应中对数量控制的方式不同，材料供应方式有限额供应、合同供应和敞开供应三种方式。

（一）限额供应

限额供应，也称定额供应。就是根据计划期内施工生产任务和材料消耗定额及技术节约措施等因素，确定供应材料的数量。材料部门依此作为供应的限制数量，施工操作部门在限额内使用材料。

限额供应可以分定期和不定期，既可按旬、按月、按季限额，也可按分部、分项工程限额，而不论其限额时间长短；限额数量可以一次供应到位，也可分批供应，但供应累计总量不得超过限额数量。限额的限制方法可以采取凭票、凭证方法，按时间或部位分别计账，分别核算。凡是施工中材料耗用已达到限额而未完成相应工程量，需超限额使用时，必须经过申请和批准，并记入超耗账目。限额供应具有以下作用：

1. 有利于促进材料合理使用，降低材料消耗和工程成本。因为限额是以材料消耗定额为基础的，它明确规定了材料的使用标准，这就促使施工现场精打细算地节约使用材料。

2. 限额量是检查节约还是超耗的标准。发现浪费，就要分析原因，追究责任，这能推动施工现场提高生产管理水平，改进操作方法，大力采用新技术、新工艺，来保证在限额标准以内完成生产任务，从而节约物化劳动。

3. 可以改进材料供应工作，提高材料供应管理水平。因为它能加强材料供应工作的计划预见性，能及时掌握消耗情况和材料库存，便于正确地确定材料供应量。

（二）敞开供应

根据资源和需求供应，对供应数量不作限制，材料耗用部门随用随领的供应方法即为敞开供应。

这种方式对施工生产部门来说灵活方便，可以减少库存，减少现场材料管理的工作量，而使施工部门集中精力搞生产。但实行这种供应方式的材料，必须是资源比较丰富，材料采购供应效率要高，而且供应部门必须保持适量的库存。敞开供应容易造成用料失控，材料利用率下降，从而加大成本。这种供应方式，通常用于抢险工程、突击性建设工程的材料需用。

四、材料的领用方式

（一）领料供应方式

由施工生产用料部门根据供应部门开出的提料单或领料单，在规定的期限内到指定的仓库（堆栈）提（领）取材料。提取材料的运输由用料单位自行办理。

领料供应可使用料部门根据材料耗用情况和材料加工周期合理安排进料，避免现场材料堆放过多，造成保管困难。但易造成材料供应部门和使用部门之间的脱节，供应应变能力差时，则会影响施工生产进行。

（二）送料供应方式

送料供应，由材料供应部门根据用料单位的申请计划，负责组织运输，将材料直接送到用料单位指定地点。送料供应要求材料供应部门作到供货数量、品种、质量必须与生产需要相一致，送货时间必须与施工生产进度相协调。送货的间隔期必须与生产进度的延续性相平衡。

实行送料制是材料供应工作努力为生产建设服务的具体体现，从利于生产、方便群众出发，改变"你领我发，坐等上门"的传统做法，送料到生产第一线，服务到基层，是建立新型供需关系的重要内容。送料供应方式具有以下优点：

1. 有利于施工生产部门节省领料时间，能集中精力搞好生产，节约了人力物力，促进生产发展。

2. 有利于密切供需关系。供应工作深入实际，具体掌握施工需用情况，能提高材料供应计划的准确程度，做到用多少送多少，不早送、不晚送，既保证生产，又节约材料和运力。

3. 有利于加强材料消耗定额的管理。做到既管供，又能了解用。能促进施工现场落实技术节约措施，实行送新收旧，有利于修旧利废。

五、材料供应的责任制和承包制

（一）面向建设项目，开展材料供应优质服务

为保证既定供应方式的实施，应建立健全供应责任制。材料供应部门对施工生产用料单位实行"三包"和"三保"。"三包"，一是包供，即用料单位申请的材料经核实后全部供应；二是包退包换，即所供材料不符质量要求的要包退、包换；三是包收，即用料单位发生的废料、包装品以及不再需用的多余材料一律回收。"三保"，即对所供材料要保质、保量、保进度。凡实行送料制的还应实行"三定"，即定送料分工、定进料地点、定接料人员。

（二）实行材料供应承包制

所谓供应承包，就是市政工程企业在工程项目投标中，由各种材料的供应单位，根据招标项目的资源情况（计划分配还是市场调节）和市场行情报价，作为编制投标报价的依据。建筑企业中标后，由报价的材料供应单位包价供应，承担价格变动的风险。中标工程所用的重要材料，属于国家或地方的重点项目，一般实行指令性计划，或由材料部门实物供应，或由承包供应的企业组织订购，不足部分市场调节。属于一般建设项目，由承包供应的企业负责购买。这种"供应承包"方式将在实践中不断完善和健全，为最终实行材料供应招投标创造条件。

材料供应承包制，按照承包的材料供应范围不同，一般包括项目材料供应承包，分部或分项工程材料供应承包及某类材料实物量供应承包。

项目材料供应承包。一般以项目施工中所需主要材料、辅助材料、周转材料及各种构配件、二次搬运、工具等费用实施供应承包。这种方式将多种费用捆在一起，有利于承包者统筹安排，实现最佳效益，但要求材料供应管理水平较高。

按工程部位或分项工程实行材料供应承包。一般是按承包部位或分项工程所需的材料，以供应承包合同的形式，实行有控制的材料供应。这种方式一般应将供应管理与使用管理合并进行，有利于促进生产中的消耗管理，降低消耗水平。通常在工程较大，材料需用量大，价值量高的工程上采取这种管理方法。

对某种材料的实物量供应实行承包。一般是对建设项目中某项材料或某项材料的部分量，实行实物数量承包。这种方式涉及材料品种少、管理方法直观、见效快，适用于各种材料的供应，特别是易损、易丢、价值高、用量大的材料，效果较好。

实行材料供应承包，是完善企业经营机制，提高企业经济效益的有效措施。材料供应承包，可以使管理与技术、生产与经济，人力与物力得到优化组合，从而提高生产效率。实行材料供应承包必须具备以下条件：

1. 材料供应关系必须商品化。随着承包的实行，在施工企业内部要逐步形成材料市场，改变过去的领用关系为买卖或租赁关系。

2. 必须实行项目材料核算，及时反映承包屠标的实现程度和经营利益。

3. 承包者应具有独立的经济利益。承包的内涵是责、权、利的统一。承包的利益随承包责任的实现而实现。材料供应部门不能受其他行政关系的制约和干扰，才能承担应有的责任，实现预定的经济利益。

4. 材料供应行为的契约化。材料供应中所涉及的主要内容，如供货时间、质量、费用以及双方的责任、权利和义务必须在承包合同中确定下来，企业或行业主管部门应建立仲裁或协调机构，及时处理供应过程中的纠纷，以维护双方的利益。

第三节　材料定额供应方法

材料供应中的定额供应，建设项目施工中的包干使用，是目前采用较多的管理方法。这种方法有利于建设项目加强材料核算，促进材料使用部门合理用料，降低材料成本，提高材料使用效果和经济效益。

这种方式是在实行限额领料的基础上，通过建立经济责任制，签订材料定包合同，达到合理使用材料和提高经济效益目的的一种管理方法。定额供应、包干使用的基础是限额领料。限额领料方法要求施工班（组）在施工时必须将材料的消耗量控制在该项目消耗定额之内。

一、限额领料的形式

（一）按市政工程工序实行限额领料

按工序实行限额领料，就是按不同工种所担负的工程进行限额。例如按支模、混凝土等工种，以班组为对象实行限额领料。

以班组为对象，管理范围小，容易控制，便于管理，特别是对班组专用材料，见效快。但是，这种方式容易使各工种、班组过分关注自身利益，较少考虑工种之间的衔接和配合，易出现某工序工程节约，另外工序工程节约较少甚至超耗。

（二）按工程部位实行限额领料

按工程部位实行限额领料，就是按照排水工程、道路工程和桥梁工程等施工阶段，以施工队为责任单位实行限额供料。

它的优点是以施工队为对象，增强了整体观念，有利于工种的配合和工序衔接，有利于调动各方面积极性。但这种做法往往重视容易节约的结构部位，而对容易发生超耗的装修部位难以实施限额或影响限额效果。同时，由于以施工队为对象，增加了限额领料的品种、规格，施工队内部如何进行控制和衔接，要求有良好的管理措施和手段。

（三）按单位工程实行限额领料

按单位工程实行限额领料是指对一个工程从开工到竣工，包括排水、道路、桥梁等全部工程项目的用料实行限额，是在限额领料基础上的进一步扩大，适用于工期不太长的工程。这种做法的优点是：可以提高项目独立核算能力，有利于产品最终效果的实现。同时各项费用捆在一起，从整体利益出发，有利于工程统筹安排，对缩短工期有明显效果。这种做法在工程面大、工期长、变化多、技术较复杂的工程上使用，容易放松现场管理，造成混乱，因此必须加强组织领导，提高施工队伍管理水平。

二、限额领料数量的确定

（一）限额数量的确定依据

1. 正确的工程量是计算材料限额的基础。工程量是按工程施工图纸计算的，在正常情况下是一个确定的数量。但在实际施工中常有变更情况，例如设计变更。由于某种需要，修改工程原设计，工程量也就发生变更；又如施工中没有严格按图纸施工或违反操作规范引起工程量变化，如基础挖深挖大，混凝土量增加；沥青路面平整度不符合标准，造成沥青加厚等。因此，正确的工程量计算要重视工程量的变更，同时要注意完成工程量的验收，以求得正确的工程量，作为最后考核消耗的依据。

2. 定额的正确选用是计算材料限额的标准。选用定额时，先根据施工项目找出定额中相应的分章工种，根据分章工种查找相应的定额。

3. 凡实行技术措施的项目，一律采用节约措施新规定的单方用料量。

（二）实行限额领料应具备的技术条件

1. 设计概算。这是由设计单位根据初步设计图纸、概算定额及基建主管部门颁发的有关取费规定编制的工程费用文件。

2. 设计预算（施工图预算）。它是根据施工图设计要求计算的工程量、施工组织设计、现行工程预算定额及基建主管部门规定的有关取费标准进行计算和编制的单位或单项工程建设费用文件。

3. 施工组织设计。它是组织施工的总则，协调人力、物力，妥善搭配、划分流水段，搭接工序、操作工艺，以及现场平面布置图和节约措施，用以组织管理。

4. 施工预算。是根据施工图计算的分项工程量，用施工定额水平反映完成一个单位工程所需费用的经济文件。主要包括三项内容：

（1）工程量：按施工图和施工定额的口径规定计算的分项、分层、分段工程量。

（2）人工数量：根据分项、分层、分段工程量及时间定额，计算出用工量，最后计算出单位工程总用工数和人工数。

（3）材料限额耗用数量：根据分项、分层、分段工程量及施工定额中的材料消耗数量，计算出分项、分层、分段的材料需用量，然后汇总成为单位工程材料用量，并计算出单位工程材料费。

5. 施工任务书。它主要反映施工队组在计划期内所施工的工程项目、工程量及工程进度要求，是企业按照施工预算和施工作业计划，把生产任务具体落实到队组的一种形式。主要包括以下内容：

（1）任务、工期、定额用工；

（2）限额领料数量及料具基本要求；

（3）按人逐日实行作业考勤；

（4）质量、安全、协作工作范围等交底；

（5）技术措施要求；

（6）检查、验收、鉴定、质量评比及结算。

6. 技术节约措施。企业定额的材料消耗标准，是在一般的施工方法、技术条件下确定的。为了降低材料消耗，保证工程质量，必须采取技术节约措施，才能达到节约材料的目的（例如：混凝土掺用一定量的减水剂）。为保证节约措施的实施，计算定额用料时还应以措施计划为依据。

7. 混凝土及砂浆的试配资料。定额中混凝土及砂浆的消耗标准是在标准的材质下确定的，而实际采用的材料质量往往与标准距离较大，为保证工程质量，必须根据进场的实际材料进行试配和试验。因此，计算混凝土及砂浆的定额用料数量，要根据试配试验合格后的用料消耗标准计算。

8. 新的补充定额。材料消耗定额的制订过程中可能存在遗漏。随着新工艺、新材料、新的管理方法的采用，原制订的定额有的已不适用，使用中需要进行适当的修订和补充。

（三）限额领料数量的计算

$$限额领料数量 = 计划实物工程量 × 材料消耗施工定额$$
$$- 技术组织措施节约额$$

三、限额领料的程序

（一）限额领料单的签发

限额领料单的签发，首先由生产计划部门根据分部分项工程项目、工程量和施工预算编制施工任务书，由劳动定额员计算用工数量。然后由材料员按照企业现行内部定额，扣除技术节约措施的节约量，计算限额用料数量，填写施工任务书的限额领料部分或签发限额领料单。

在签发过程中，应注意定额选用要准确。对于采取技术节约措施的项目，应按试验室通知单上所列配合比单上的用量加损耗签发。装饰工程中如有用新型材料，原定额中又没有的项目，一般采用下列方法计算用量：参照新材料的有关说明书；协同有关部门进行实际测定；套用相应项目的设计预算和施工预算。

（二）限额领料单的下达

限额领料单的下达是限额领料的具体实施过程，一般是一式五份，一份由生产计划部门作存根；一份交材料保管员备料；一份交劳资部门；一份交材料管理部门；一份交班组作为领料依据。限额领料单要注明质量等部门提出的要求，由工长向班组下达和交底，对于用量大的领料单应进行书面交底。

所谓用量大的用料单，一般指分部位承包下达的施工队领料单，如结构工程既有混凝土，又有砌砖及钢筋支模等，应根据月度工程进度，列出分层次分项目的材料用量，以便控制用料及核算，起到限额用料的作用。

（三）限额领料单的应用

限额领料单的使用是保证限额领料实施和节约使用材料的重要步骤。班组料具员持限额领料单到指定仓库领料，材料保管员按领料单所限定的品种、规格、数量发料，并作好分次领用记录。在领发过程中，双方办理领发料手续，填写领料单，注明用料的单位工程和班组，材料的品种、规格、数量及领用日期，双方签字认证。做到仓库有人管，领料有凭证，用料有记录。

班组要按照用料的要求做到专料专用，不得串项，对领出的材料要妥善保管。同时，班组料具员要搞好班组用料核算，各种原因造成的超限额用料必须由工长出具借料单，材料人员可先借3日内的用料，并在3日内补办手续，不补办的停止发料，做到没有定额用料单不得领发料。限额领料单应用过程中应处理好以下几个问题：

1. 因气候影响，班组需要中途变更施工项目。例如：原是灰土垫层变更为混凝土垫层，用料单也应作相应的项目变动处理，结原项添新项。

2. 因施工部署变化，班组施工的项目需要变更做法。例如：基础混凝土组合柱，为提前回填土方，支木模改为支钢模，用料单就应减去改变部分的木模用料，增加钢模用料。

3. 因材料供应不足，班组原施工项目的用料需要改变。例如：原是卵石混凝土，由于材料供应不上改用碎石，就必须把原来项目结清，重新按碎石混凝土的配合比调整用料单。

4. 限额领料单中的项目到月底做不完时，应按实际完成量验收结算，没做的下月重新下达，使报表、统计、成本各明细对应清楚。

5. 合用搅拌机问题。现场经常发生两个以上班组合用一台搅拌机拌制混凝土或砂浆等，原则上仍应分班组核算。

（四）限额领料单的检查

在限额领料应用过程中，会有许多因素影响班组用料。因此，材料管理人员要深入现场，调查研究，会同现场主管及有关人员从多方面检查，对发现的问题帮助班组解决，使班组正确执行定额用料；落实节约措施；做到合理使用。检查内容主要有：

1. 查项。检查班组是否按照用料单上的项目进行施工，是否存在串料项目。由于材料用量取决于一定的工程量，而工程量又表现在一定的工程项目上，项目如果有变动，工程量及材料数量也随之变动。施工中由于各种因素的影响，班组施工项目变动是比较多的，可能出现串料现象。在定额用料中，应对班组经常进行以下五个方面的检查和落实：

①查设计变更的项目有无发生变化；

②查用料单所包括的施工是否做，是否甩，是否做齐；

③查项目包括的工作内容是否都做完了；

④查班组是否做限额领料单以外的施工项目；

⑤查班组是否有串料项目。

2. 查量。检查班组已验收的工程项目的工程量，是否与用料单上所下达的工程量一致。

班组用料量的多少，是根据班组承担的工程项目的工程量计算的。工程量超量必然导致材料超耗，只有严格按照规范要求做，才能保证实际工程量不超量。在实际施工过程中，由于各种因素的影响，往往造成超高、超厚、超长、超宽，从而加大施工量，有的是事先可以发现但没有避免的，有的则是事先发现不了的，情况十分复杂，应通过查量，根据不同情况作出不同的处理。如浇筑混凝土时，因模板超宽、缝大、不方正等原因，造成混凝土超量，主要检查模板尺寸，还应在木工支模时建议模板要支得略小一点，防止浇筑混凝土时模板胀出加大混凝土量。

3. 查操作。检查班组在施工中是否严格按照规定的技术操作规范施工。不论是执行定额还是执行技术节约措施，都必须按照定额及措施规定的方法要求去操作，否则就达不到预期效果。有的工程工艺比较复杂，应重点检查主要项目和容易错用材料的项目。在砌砖、现浇混凝土、抹灰工程中，要检查是否按规定使用混凝土及砂浆配合比，防止以高强度等级代替低强度等级，以水泥砂浆代替混合砂浆。

4. 查措施的执行。检查班组在施工中节约措施的执行情况。技术节约措施是节约材料的重要途径，班组在施工中是否认真执行，直接影响着节约效果的实现。因此，不但要按措施规定的配合比和掺合料签发用料单，而且要检查班组的执行情况，通过检查帮助班组解决执行中存在的问题。

5. 查"活完脚下清"。检查班组在施工项目完成后是否做到三清，用料有无浪费现象。材料员要协助施工主管促使班组计划用料，运料车严密不漏，装车不要过高，运输道路保持平整，筛漏集中堆放，后台保持清洁，通过对活完脚下清的检查，达到现场消灭"七头"，废物利用和节约材料的目的。

（五）限额领料单的结算

在结算中应注意以下几个问题：

1. 班组任务书的个别项目因某种原因由工长或生产计划部门进行更改，原项目未做或完成一部分而又增加了新项目，这就需要重新签发用料单，并与实耗对比。

2. 抹灰工程中班组施工的某一项目，如抹灰，定额标准厚度是 2cm，但由于上道工序造成墙面不平整增加了抹灰厚度，应按工长实际验收的厚度换算单方用量后再进行结算。

3. 要求结算的任务书、材料耗用量与班组领料单实际耗用量及结算数字要相互对口。

（六）限额领料单的分析

根据班组任务书结算的盈亏数量，进行节超分析，要根据定额的执行情况，查找材料节超原因，揭示存在问题，堵塞漏洞，促使进一步降低材料消耗。

第四节 材料配套供应

材料配套供应，是指在一定时间内，对某项工程所需的各种材料，包括主要材料、辅助材料、周转使用材料和工具用具等，根据施工组织设计要求，通过综合平衡，按材料的品种、规格、质量、数量配备成套，供应到施工现场。

建筑材料配套性强，任何一个品种或一个规格出现缺口，都会影响工程进行。各种材料只有齐备配套，才能保证工程顺利建成投产。由此可见，材料配套供应，是材料供应管理重要的一环，也是企业管理的一个组成部分，需要企业各部门密切配合协作，把材料配套供应工作搞好。

一、应遵循的原则

（一）保证重点的原则

重点工程关系到国民经济的发展，所需各项材料必须优先配套供应。有限的资源，应该投放到最急需的地方，反对平均分散使用。因此：

（1）国家确定的重点工程项目，必须保证供应；

（2）对企业确定的重点工程项目，系施工进程中的重点，必须重点组织供应；

（3）配套工程的建成，可以使整个项目形成生产能力，为保证"开工一个建成一个"，尽快建成投产，所需材料也应进行优先供应。

（二）统筹兼顾的原则

对各个单位、各项工程、各种使用方向的材料，应本着"一盘棋"精神通盘考虑。统筹兼顾，全面进行综合平衡。既要保证重点，也要兼顾一般，以保证施工生产计划全面实现。

（三）勤俭节约的原则

节约是社会主义经济的基本原则之一。建筑工程每天都消费大量材料，在配套供应的过程中，应贯彻勤俭节约的原则，在保证工程质量的前提下，充分挖掘材料潜力，尽量利用库存，促进好材精用，小才大用，次材利用，缺材代用。还应配合有关部门采取经济管理手段，实行定额供应和定额包干，促进施工班组贯彻材料节约技术措施与消耗管理，降低材料单耗水平。

（四）就地就近供应原则

在分配、调运和组织送料过程中，都要本着就地就近配套供应的原则，并力争从供货地点直达现场，以节省运杂费。

二、做好配套供应的准备工作

1. 掌握材料需用计划和材料采购供应计划，切实查清工程所需各项材料的名称、规格、质量、数量和需用时间，使配套有据。

2. 掌握可以使用的材料资源：

（1）内部各级库存现货；

（2）在途材料；

（3）合同期货和外部调剂资源；

（4）加工、改制、利用替代资源，使配套有货。

3. 对于运输工具和现场道路材料员应与有关部门配合，保证现场运输路线畅通。

4. 与施工部门密切配合，对生产班组作好关于配套供应的交底工作，要求班组认真执行，防止发生浪费而打乱配套计划。

三、材料平衡配套方式

材料平衡配套的方式，主要有以下几种：

（一）会议平衡配套

会议平衡配套，就是集中平衡配套。一般是在安排月度计划前，由施工部门预先提出需用计划，材料部门深入施工现场，对下月施工任务与用料计划进行详细核实摸底，结合材料资源进行初步平衡，然后在各基层单位参加的定期平衡调度会上互相交换意见，确定材料配套供应计划，并解决临时出现的问题。

（二）重点工程平衡配套

列入重点的工程项目，由主管领导主持召开专项会议，研究所需材料的配套工作，决定解决办法，做到安排一个，落实一个，解决一个。

（三）巡回平衡配套

巡回平衡配套，指定期或不定期到各施工现场，了解施工生产需要，组织材料配套，解决施工生产中的材料供需矛盾。

（四）开工、竣工配套

开工配套以结构材料为主，目的是保证工程开工后连续施工。竣工配套以装修和水、电安装材料以及工程收尾用料为主，目的是保证工程迅速收尾和施工力量的顺利转移。

（五）与建设单位协作平衡配套

施工企业与建设单位分工组织供料时，为了使建设单位供应的材料与施工企业的市场采购、调剂的材料协调起来，应互相交换备料、到货情况，共同进行平衡配套，以便安排施工计划，保证材料供应。

四、配套供应的方式方法

1. 以单位工程为配套供应的对象。采取单项配套的方法，保证单位工程配套的实现。配套供应的范围，应根据工程的实际条件来确定。例如以一个工程项目中的土建工程或水电安装工程为配套供应对象。对这个单位工程所需的各种材料、工具、构件、半成品等，按计划的品种、规格、数量进行综合平衡，按施工进度有秩序地供应到施工现场。

2. 以一个工程项目为对象进行配套供应。由于牵涉到土建、安装等多工种的配合，所需料具的品种规格更为复杂，这种配套方式适用于由现场项目部统一指挥、调度的工程和由现场型企业承建的工程。

3. 大分部配套供应。采用大分部配套供应，有利于施工管理和材料供应管理。把工程项目分为基础工程、框架结构工程、砌筑工程、装饰工程、屋面工程等几个大分部，分期分批进行材料配套供应。

4. 分层配套供应。对于半成品、预制构件、预埋铁件等，按工程分层配套供应。这个办法可以少占堆放场地，避免堆放挤压，有利于定额耗料管理。

5. 配套与计划供应相结合。综合平衡，计划供应是过去和现在通常使用的供应管理方式。这种方式有配套供应的内涵，但计划编制一般比较粗糙，往往要经过补充调整才能满足施工需要，对于超计划用料，也往往掌握不严，难以杜绝浪费。计划供应与配套供应相结合，首先对确定的配套范围，认真核实编好材料配套供应计划，经过综合平衡后，切实按配套要求把材料供应到施工现场，并对超计划用料问题认真掌握和控制。这样的供应计划，更切合实际，更能满足施工生产需要。

6. 配套与定额管理相结合。定额管理主要包括两个内容，一是定额供料，二是定额包干使用。配套供应必须与定额管理结合起来，不但配套供料计划要按材料定额认真计算，而且要在配套供应的基础上推行材料耗用定额包干。这样可以提高配套供应水平和提高定额管理水平。

7. 周转材料的配套供应。周转材料也要进行配套供应，应以单位工程对象，按照定额标准计算出实际需用量，按施工进度要求编制配套供应计划，按计划进行供应。

第五节　材料运输管理

一、材料运输管理的意义和作用

材料运输是借助运力实现材料在空间上的转移。在市场经济条件下，物资的生产和消费，在空间上往往是不一致的，为了解决物资生产与消费在空间上的矛盾，必须借助运输使材料从产地转移到消费地区，满足生产建设的需要。所以材料运输是物流流通的一个组成部分，是材料供应管理中重要的一环。

材料运输管理是对材料运输过程，运用计划、组织、指挥和调节职能进行管理，使材料运输合理化。其重要作用，主要表现在以下三个方面：

1. 加强材料运输管理，是保证材料供应，促使施工顺利进行的先决条件。市政工程企业所用材料的品种多、数量大，运输任务相当繁重。必须加强运输管理，使材料迅速、安全、合理地完成其空间转移，尽快实现其使用价值，保证施工生产的顺利进行。

2. 加强材料运输管理，合理地组织运输，可以缩短材料运输里程，减少在途时间，加快运输速度，提高经济效果。

3. 加强材料运输管理，合理选用运输方式，适当使用运输工具，可以节省运力运费，减少运输损耗，提高经济效果。

二、材料运输管理的任务

材料运输管理的基本任务是：根据客观经济规律和物资运输四原则，对材料运输过程进行计划、组织、指挥、监督和调节，争取以最少的里程、最低的费用、最短的时间、最安全的措施，完成材料的转移，保证工程需要。具体任务是：

1. 贯彻"及时、准确、安全、经济"的原则组织运输。

（1）及时：指用最少的时间，把材料从产地运到施工、用料地点，及时供应使用。

（2）准确：指材料在整个运输过程中，防止发生各种差错事故，做到不错、不乱、不差，准确无误地完成运输任务。

（3）安全：指材料在运输过程中保证质量完好，数量无缺，不发生受潮、变质、残损、丢失、爆炸和燃烧事故，保证人员、材料、车辆等安全。

（4）经济：指经济合理地选用运输路线和运输工具，充分利用运输设备，降低运输费用。

"及时、准确、安全、经济"四项原则是互相关联、辩证统一的关系，在组织材料运输时，应全面考虑，不要顾此失彼。只有正确全面地贯彻这四项原则，才能完成材料运输任务。

2. 加强材料运输的计划管理。做好货源、流向、运输路线、现场道路、堆放场地等的调查和布置工作，会同有关部门编好材料运输计划，认真组织好材料的发运、接收和必要的中转业务，搞好装卸配合，使材料运输工作，在计划指导下协调进行。

3. 建立和健全以岗位责任制为中心的运输管理制度。明确运输工作人员的职责范围，加强经济核算，不断提高材料运输管理水平。

三、运输方式

（一）六种基本运输方式及其特点

目前我国有六种基本运输方式，它们各有特点，采用着各种不同的运输工具，能适应不同情况的材料运输。在组织材料运输时，应根据各种运输方式的特点，结合材料的性质，运输距离的远近，供应任务的缓急及交通地理位置来选择使用。

1. 铁路运输。铁路是国民经济的大动脉，铁路运输是我国主要的运输方式之一。它与水路干线和各种短途运输相衔接，形成一个完整的运输网。

铁路运输的特点：运输能力大、运行速度快；一般不受气候、季节的影响，连续性强；管理高度集中，运行比较安全准确；运输费用比公路运输低；如设置专用线，大宗材料可以直达使用区域。它是远程物资的主要运输方式。但铁路运输的始发和到达作业费用比公路运输高，材料短途运输不经济。另外铁路运输计划要求严格，托运材料必须按照铁道部的规章制度办事。

2. 公路运输。公路运输基本上是地区性运输。地区公路运输网与铁路、水路干线及其他运输方式相配合，构成全国性的运输体系。

公路运输的特点：运输面广，机动灵活，快速，装卸方便。公路运输是铁路运输不可缺少的补充，是重要的运输方式之一，担负着极其广泛的中、短途运输任务。由于运费较高，不宜于长距离运输。

3. 水路运输。水运在我国整个运输活动中占有重要的地位。我国河流多，海岸线长，通航潜力大，是最经济的一种运输方式。沿江、沿海的企业用水路运输建筑材料，是很有利的条件。

水路运输的特点：运载量较大，运费低廉。但受地理条件的制约，直达率较低，往往要中转换装，因而装卸作业费用高，运输损耗也较大；运输的速度较慢，材料在途时间长，还受枯水期、洪水期和结冰期的影响，准时性、均衡性较差。

4. 航空运输。空运速度快，能保证急需。但飞机的装运量小、运价高、不能广泛使用。只适宜远距离运送急需的、贵重的、量小的或时间性较强的材料。

5. 管道运输。管道运输是一种新型的运输方式，有很大的优越性。其特点是：运送速度快、损耗小、费用低、效率高。适用于输送各种液、气、粉、粒状的物资。我国目前主要用于运输石油和天然气。

6. 民间群运。民间群运主要是指人力、畜力和木帆船等非机动车船的运输。

上述 6 种运输方式各有其优缺点和适用范围。在选择运输方式时，要根据材料的品种、数量、运距、装运条件、供应要求和运费等因素择优选用。

四、经济合理地组织运输

经济合理地组织材料运输，是指材料运输要按照客观的经济规律，用最少的劳动消耗，最短的时间和里程，把材料从产地运到生产消费地点，满足工程需要，实现最大的经济效果。

货源地点、运输路线、运输方式、运输工具等都是影响运输效果的主要因素，要组织合理运输，应从这几方面着手。在材料采购过程中，应该就地就近取材，组织运距最短的货源，为合理运输创造条件。

合理组织运输的途径，主要有以下四个方面。

（一）选择合理的运输路线

根据交通运输条件，与合理流向的要求，选择里程最短的运输路线，最大限度地缩短运输的平均里程，消除各种不合理运输，如对流运输、迂回运输、重复运输、倒流运输等和违反国家规定的物资流向的运输方式。组织建筑材料运输时，要采用分析、双比的方法，结合运输方式、运输工具和费用开支进行选择。

（二）采取直达运输，"四就直拨"，减少不必要的中转运输环节直达运输就是把材料从交货地点直接运到用料单位或用料地点，减少中转环节的运输方法。"四就直拨"是指四种直拨的运输形式。在大、中城市、地区性的短途运输中采取"就厂直拨、就站（车站或码头）直拨、就库直拨、就船过载"的办法，把材料直接拨给用料单位或用料工地，可以减少中转环节，节约运转费用。

（三）选择合理的运输方式

根据材料的特点、数量、性质、需用的缓急、里程的远近和运价高低，选择合理的运输方式，以充分发挥其效用。比如大宗材料运距在 100km 以上的远程运输，应选用铁路运输。沿江沿海大宗材料的中、长距离运输宜采用水运。一般中距离材料运输以汽车为宜，条件合适也可以使用火车。

短途运输、现场转运，使用民间群运的运输工具，则比较合算。

（四）合理使用运输工具

合理使用运输工具，就是充分利用运输工具的载重量和容积，发挥运输工具的效能，做到满载、快速、安全，以提高经济效益。其方法主要有下列几种：

1. 提高装载技术，保证车船满载。不论采取哪一种运输工具，都要考虑其载重能力，保证装够吨位，防止空吨运输。铁路运输，有棚车、敞车、平车等，要使车种适合货种，车吨配合货吨。

2. 做好货运的组织、准备工作。做到快装、快跑、快卸，加速车船周转。事先要配备适当的装卸力量、机具，安排好材料堆放位置和夜间作业的照明设施。实行经济责任制，将装卸运输作业责任到人，以快装、快卸促满载快跑，缩短车船停留时间，提高运输效率。

3. 改进材料包装，加强安全教育，保证运输安全。一方面要根据材料运输安全的要求，进行必要的包装和采取安全防护措施，另一方面对装卸运输工作加强管理，防止野蛮装卸，加强对责任事故的处理。

4. 加强企业自有运输力量管理。除要做到以上三点外，还要按月下达任务指标，做好运行记时间和里程，把材料从产地运到生产消费地点，满足工程需要，实现最大的经济效果。

货源地点、运输路线、运输方式、运输工具等都是影响运输效果的主要因素，要组织合理运输，应从这几方面着手。在材料采购过程中，应该就地就近取材，组织运距最短的货源，为合理运输创造条件。

第五章 材料采购管理

第一节 材料采购概述

材料采购就是通过各种渠道，把生产建设企业所需用的各种材料按照计划购买进来，确保生产建设的顺利进行。材料采购是物资计划供应的重要环节。

材料采购工作，能否正确选择经济合理的供货来源，并按质、按量、按时、配套地采购生产建设所需的各种材料，对于保证需要，提高产品质量，养活材料储备，加速资金周转，节约物资，降低（工程）成本、提高市政工程企业经济效益都具有重要意义。

随着经济体制改革的深入发展，通过市场渠道自由先购的材料日益增多。因此，能否选择好需用的材料供应单位，成为材料采购工作中的关键。

一、材料采购应遵循的原则

1. 遵守国家和地方的有关方针、政策、法令和规定，如材料管理政策、材料分配政策、经济合同法，各项财政制度，以及工商行政部门的规定等。

2. 以需定购，按计划采购。必须以实际需要的材料品种、规格、数量和时间要求的材料采购计划为依据进行采购。贯彻"以需采购"的材料采购原则，同时要结合材料的生产、市场、运输和储备等因素，进行综合平衡。

3. 坚持材料质量第一：把好材料采购质量关，不符合质量要求的材料，不得进入生产车间、施工现场，要随时深入生产厂、市场，以督促生产厂提高产品质量和择优采购，采购人员必须熟悉所采购的材料质量标准，并做好验收鉴定工作，不符合质量要求的物资绝不采购。

4. 降低采购成本：材料采购中，应开展"三比一算"（比质、比价、比运距、算成本）。市场供应的材料，由于材料来自各地，因生产手段不同，产品成本不一样，质量也有差别，为此在采购时，一定要注意同样的材料比质量，同样的质量比价格，同样的价格比运距，进行综合计算以降低材料采购成本。

5. 选择材料运输畅通方便的材料生产单位：生产建设企业尤其施工企业所需用材料，数量大、地区分散，必须使用足够的运输工具，才能按时运输到现场。如果运输力量不足，即使有了资源，也无法运出，为了将所需的材料及时安全地运输到使用现场，必须选择运输力量充足，地理和运输条件良好的地区和单位的材料，以保证材料采购和供应任务完成。

二、材料采购决策

材料采购，首先应对下列事项作出决策：

1. 确定采购材料的品种、规格、质量；

2. 确定计划期的采购总量；

3. 选择供应渠道及供应单位；

4. 如何采购，这是解决采购的形式和方法问题。是期货或现货，同品种材料是向一家采购或多家采购，是定期定量还是随机采购等；

5. 决定采购批量；

6. 决定采购时间和进货时间。

以上各项，主要指材料计划部门以施工生产的需要为基础，根据市场反馈信息，进行比较分析，综合决策，会同采购人员制定采购计划，及时展开采购工作。

三、市政工程材料采购的范围和特点

市政工程材料采购的范围主要包括建设工程所需的大量建材、工具用具、机械设备和电气设备等，这些材料设备约占工程合同总价的60%以上，大致可以划分为以下几大类：

1. 工程用料。包括土建、水电设施及其他一切专业工程的用料。

2. 暂设工程用料。包括工地的活动房屋或固定房屋的材料、临时水电和道路工程及临时生产加工设施的用料。

3. 周转材料和消耗性用料。

4. 机电设备。包括工程本身的设备和施工机械设备。

5. 其他。如办公家具、仪器等。

四、影响材料采购的因素

流通环节的不断发展，社会物资资源渠道增多，企业内部项目管理办法的普遍实施等，使材料采购受企业内、外诸多因素的影响。在组织材料采购时，应综合各方面各部门利益，保证企业整体利益。

（一）企业外部因素影响

1. 材料渠道因素。按照物资流通经过的环节，材料渠道一般包括三类：一是生产企业：这一渠道供应稳定，价格较其他部门和环节低，并能根据需要进行加工处理，因此是一条较有保证的渠道；二是材料流通部门：特别是属于某行业或某种材料生产系统的部门，资源丰富、品种规格齐备、对材料保证能力较强，是国家物资流通的主渠道；三是社会商业部门。这类材料经销部门数量较多，经营方式灵活，对于解决品种短缺起到良好的作用。

2. 供方因素，即材料供方提供资源能力的影响。在时间上、品种上、质量上及信誉上能否保证需方所求，是考核供应能力的基本依据。采购部门要定期分析供方供应水平并作出定量考核指

标，以确定采购对象。

3. 市场供求因素。一定时期内供求因素经常变化，造成变化的原因涉及工商、税务、利率、投资、价格、政策等诸多方面。掌握市场行情，预测市场动态是采购人员的任务，也是在采购竞争中取胜的重要因素。

（二）企业内部因素

1. 施工生产因素。市政施工生产程序性、配套性强，材料需求呈阶段性。材料供应批量与零星采购交叉进行。由于设计变更、计划改变及施工工期调整等因素，使材料需求非确定因素较多。各种变化都会波及材料需求和使用。因此，采购人员应掌握施工规律，预计可能出现的问题，使材料采购适应生产需用。

2. 储存能力因素。采购批量受料场、仓库堆放能力的限制，采购批量的大小也影响着采购时间间隔。根据施工生产平均每日需用量，在考虑采购间隔时间、验收时间和材料加工准备时间的基础上，确定采购批量及采购次数等。

3. 资金的限制。采购批量是以施工生产需用为主要因素确定的，但资金的限制也将改变或调整批量，从而增减采购次数。当资金缺口较大时，可按缓急程度分别采购。

除上述影响因素外，采购人员自身素质、材料质量等对材料采购都有一定的影响。

五、材料采购管理模式

材料采购业务的分工，应根据企业机构设置、业务分工及经济核算体制确定。目前，一般都按核算单位分别进行采购。在一些实行项目承包或项目经理负责制的企业，都存在着不分材料品种、不分市场情况而盲目争取采购权的问题。企业内部公司、工区（处）、施工队、施工项目以及零散维修用料、工具用料均自行采购。这种做法既有调动各部门积极性等有利的一面，也存在着影响企业发展的不利一面，其主要利弊有：

（一）分散采购的优点

1. 分散采购可以调动各级各部门积极性，有利于各部门、各项经济指标的完成；

2. 可以及时满足施工需要，采购工作效率较高；

3. 就某一采购部门内来说，流动资金量小，有利于部门内资金管理；

4. 采购价格一般低于多级多层次采购的价格。

（二）分散采购的弊端

1. 分散采购难以形成采购批量，不易形成企业经营规模，而影响企业整体经济效益。

2. 局部资金占用少，但资金分散，其总体占用额度往往高于集中采购资金占用，资金总体效益和利用率下降。

3. 机构人员重叠，采购队伍素质相对较弱，不利于建筑企业材料采购供应业务水平的提高。

（三）材料采购管理模式的选择

一定时期内，是分散采购还是集中采购，是由国家物资管理体制和社会经济形势及企业内部管理机制决定的，既没有统一固定的正确模式，也非一成不变。不同的企业类型，不同的生产经营规模，甚至承揽的工程不同，其采购管理模式均应根据具体情况而确定。我国建筑企业主要有三种类型：

1. 现场型施工企业。这类企业一般是规模相对较小或相对于企业经营规模而言承揽的工程任务相对较大。企业材料采购部门与建设项目联系密切，这种情况不宜分散采购而应集中采购。一方面减少项目采购工作量，形成采购批量；另一方面有利于企业对施工项目的管理和控制，提高企业管理水平。

2. 城市型施工企业。是指在某一城市或地区内经营规模较大，施工力量较强，承揽任务较多的企业。我国最初建立的国营建筑企业多属于城市型企业。这类企业机构健全，企业管理水平较高，且施工项目多在一个城市或地区内分布，企业整体经营目标一致，比较适宜采用统一领导分级管理的采购模式。主要材料、重要材料及利于综合开发的材料资源采取统一筹划，形成较强的采购能力和开发能力，适宜与大型材料生产企业协作，对稳定资源、稳定价格，保证工程用料，有较大的保障。特别是当市场供小于求时尤其显著。一般材料由基层材料部门或施工项目视情况自行安排，分散采购。这样做既调动了各部门积极性，又保证了整体经济利益；既能发挥各自优势，又能抵御市场带来的冲击。

3. 区域型施工企业。这类企业一般经营规模庞大，能够承揽跨省、跨地区甚至跨国项目，如中国建筑工程总公司。也有从事某区域内专业项目建设施工任务的企业，如中国铁路建设总公司、中国水利建设总公司等。这类企业技术力量雄厚，但施工项目和人员分散，因此其采购模式要视其所在地区承揽的项目类型和采购任务而定。往往是集中采购与分散采购配合进行，分散采购和联合采购并存，采购方式灵活多样。

由此可见，采购管理模式的确定绝非唯一的，不变的，应根据具体情况分析，以保证企业整体利益为目标而确定。

第二节　材料采购管理的内容

一、材料采购信息管理

采购信息是施工企业材料决策的依据，是提供采购业务咨询的基础资料，是进行资源开发，扩大资源渠道的条件。

（一）材料采购信息的种类

材料采购信息主要有以下几种：

1. 资源信息。包括资源的分布、生产企业的生产能力、产品结构、销售动态、产品质量、生产技术发展甚至原材料基地、生产用燃料和动力的保证能力、生产工艺水平、生产设备等。

2. 供应信息。包括基本建设信息、建筑施工管理体制变化、项目管理方式、材料储备运输情况、供求动态、紧缺及呆滞材料情况。

3. 价格信息。包括现行国家价格政策、市场交易价格及专业公司牌价、地区建筑主管部门颁布的预算价格、国家公布的外汇交易价格等。

4. 市场信息。包括生产资料市场及物资贸易中心的建立、发展及其市场占有率、国家有关生产资料市场的政策等。

5. 新技术、新产品信息。新技术及新产品的品种、性能指标、应用性能及可靠性等。

6. 政策信息。国家和地方颁布的各种方针、政策、规定、国民经济计划安排，材料生产、销售、运输管理办法，银行贷款，资金政策，以及对材料采购发生影响的其他信息。

（二）信息的来源

材料采购信息，首先应具有及时性，即速度要快，效率要高，失去时效也就失去了使用价值；第二应具有可靠性，有可靠的原始数据，切忌道听途说，以免造成决策失误；第三应具有一定的深度，反映或代表一定的倾向性，提出符合实际需要的建议。在收集信息时，应力求广泛，其主要途径有：

1. 各报刊和专业性商业情报刊载的资料；

2. 有关学术、技术交流会提供的资料；

3. 各种供货会、展销会，交流会提供的资料；

4. 广告资料；

5. 政府部门发布的计划、通报及情况报告；

6. 采购人员提供的资料及自行调查取得的信息资料等。

（三）信息的整理

为了有效高速地采集信息、利用信息，企业应建立信息员制度和信息网络，应用电子计算机等管理工具，随时进行检索、查询和定量分析。采购信息整理常用的方法有：

1. 运用统计报表的形式进行整理。按照需用的内容，从有关资料、报告中取得有关的数据，分类汇总后，得到想要的信息。例如根据历年材料采购业务工作统计，可整理出企业历年采购金额及其增长率，各主要采购对象合同兑现率等。

2. 对某些较重要的、经常变化的信息建立台账，做好动态记录，以反映该信息的发展状况。如按各供应项目分别设立采购供应台账，随时可以查询采购供应完成程度。

3. 以调查报告的形式就某一类信息进行全面的调查、分析、预测，为企业经营决策提供依据。如针对是否扩大企业经营品种，是否改变材料采购供应方式等展开调查，根据调查结果整理出"是"或"否"的经营意向，并提出经营方式、方法的建议。

（四）信息的使用

搜集、整理信息是为了使用信息，为企业采购业务服务。信息经过整理后，应迅速反馈有关部门，以便进行比较分析和综合研究，制定合理的采购策略和方案。

二、材料采购及加工业务

建筑企业采购和加工业务，是有计划、有组织地进行的。其内容有决策、计划、洽谈、签订合同、验收、调运和付款等工作，其业务过程，可分为准备、谈判、成交、执行和结算五个环节。

（一）材料采购和加工业务的准备

采购和加工业务，在通常情况下需要有一个较长时间的准备，无论是计划分配材料或市场采购材料，都必须按照材料采购计划，事先做好细致的调查研究工作，摸清需要采购和加工材料的品种、规格、型号、质量、数量、价格、供应时间和用途等，以便落实资源。准备阶段中，必须做好下列主要工作：

1. 按照材料分类，确定各种材料采购和加工的总数量计划；

2. 按照需要采购的材料（如一般的产需衔接材料），了解有关厂矿的供货资源，选定供应单位，提出采购矿点的要货计划；

3. 选择和确定采购和加工企业，这是做好采购和加工业务的基础。必须选择设备齐全、加工能力强、产品质量好和技术经验丰富的企业。此外，企业的生产规模、经营信誉等情况，还应在选择前摸清。在采购和加工大量材料时，还可采用接标和投标的方法，以便择优落实供应单位和加工企业。

4. 按照需要编制市场采购和加工材料计划，报请领导审批。

（二）材料采购和加工业务的谈判

材料采购和加工计划经有关单位平衡安排，领导批准后，即可开展业务谈判活动。所谓业务谈判，就是材料采购业务人员与生产、物资或商业等部门进行具体的协商和洽谈。

业务谈判应遵守国家和地方制定的物资政策、物价政策和有关法令，供需双方应本着地位平等、相互谅解、实事求是，搞好协作的精神进行谈判。

1. 采购业务谈判的主要内容有：

（1）明确采购材料的名称、品种、规格和型号；

（2）确定采购材料的数量和价格；

（3）确定采购材料的质量标准（国家标准、部颁标准、企业专业标准和双方协商确定的质量标准）和验收方法；

（4）确定采购材料的交货地点、方式、办法、交货日期以及包装要求等；

（5）确定采购材料的运输办法，如需方自理、供方代送或供方送货等；

（6）确定其他事项。

2. 加工业务谈判的主要内容有：

（1）明确加工品的名称、品种和规格；

（2）确定加工品的数量；

（3）确定供料方式，如由订作单位提供原材料的带料加工或承揽单位自筹材料的包工包料，以及所需原材料的品种、规格、质量、定额、数量和提供日期；

（4）确定加工品的技术性能和质量要求，以及技术鉴定和验收方法；

（5）确定订作单位提供加工品样品的，承揽单位应按样品复制；定作单位提供设计图纸资料的，承揽单位应按设计图纸加工；生产技术比较复杂的，应先试制，经鉴定合格后成批生产；

（6）确定加工品的加工费用和自筹材料的材料费用以及结算办法；

（7）确定原材料的运输办法及其费用负担；

（8）确定加工品的交货地点、方式、办法以及交货日期及其包装要求；

（9）确定加工品的运输办法；

（10）确定双方应承担的责任。如承揽单位对订作单位提供原材料应负保管的责任，按规定质量、时间和数量完成加工品的责任；不得擅自更换订作单位提供的原材料的责任；不得把加工品任务转让给第三方的责任；订作单位按时、按质、按量提供原材料的责任；按规定期限付款的责任等。

业务谈判，一般要经过多次反复协商，在双方取得一致意见时，业务谈判就告完成。

（三）材料采购加工的成交

材料采购加工业务，经过与供应单位反复酝酿和协商，达成采购、销售协议，称为成交。

成交的形式，目前有合同订货、提货单提货和现货现购等形式。

1. 订货形式。建筑企业与供应单位按双方协商确定的材料品种、质量和数量，将成交所确定的有关事项用合同形式固定下来，以便双方执行。订购的材料，按合同交货期分批交货。

2. 提货形式。由供应单位签发提货单，建筑企业凭单到指定的仓库或堆栈，按规定期限提取。提货单有一次签发和分期签发两种，由供需双方在成交时确定。

3. 现货现购。建筑企业派出采购人员到物资门市部、商店或经营部等单位购买材料，货款付清后，当场取回货物，即所谓"一手付钱、一手取货"银货两讫的购买形式。

4. 加工形式。加工业务在双方达成协议时，签订承揽合同。

承揽合同是指承揽方根据订作方提出的品名、项目、质量要求，使用订作方提供的原料，为其加工特定的产品，收取一定加工费的协议。

（四）材料采购和加工业务的执行

材料采购和加工，经供需双方协商达成协议签订合同后，由供方交货，需方收货。这个交货和收货过程，就是采购和加工的执行阶段。主要有以下几个方面：

1. 交货日期。供需双方应按规定的交货日期及数量如期履行，供方应按规定日期交货，需方应按规定日期收（提）货。如未按合同规定日期交货或提货，应作未履行合同处理。

2. 材料验收。材料验收，应由建筑企业派员对所采购的材料和加工品进行数量和质量验收。

数量验收，应对供方所交材料进行检点。发现数量短缺，应迅速查明原因，向供方提出。

材料验收，分为外观质量和内在质量验收，分别按照材料质量标准和验收办法进行。发现不符合规定质量要求的，不予验收；如属供方代运或送货的，应一面妥为保管，一面在规定期限内向供方提出书面异议。

材料数量和质量经验收通过后，应填写材料入库验收单，报本单位有关部门，表示该批材料已经接收完毕，并验收入库。

3. 材料交货地点。材料交货地点，一般在供应企业的仓库、堆场或收料部门事先指定的地点。供需双方应按照成交确定的或合同规定的交货地点进行材料交接。

4. 材料交货方式。材料交货方式，指材料在交货地点的交货方式，有车、船交货方式和场地交货方式。由供方发货的车、船交货方式，应由供应企业负责装车或装船。

5. 材料运输。供需双方应按合同规定的运输办法执行。委托供方代运或由供方送货，如发生材料错发到货地点或接货单位，应立即向对方提出，并按合同规定负责运到规定的到货地点或接货单位，由此而多支付运杂费用，由供方承担；如需方填错或临时变更到货地点，由此而多支付的费用，应由需方承担。

（五）材料采购和加工的经济结算

经济结算，是建筑企业对采购的材料，用货币偿付给供货单位价款的清算。采购材料的价款，称为货款；加工的费用，称为加工费，除应付货款和加工费外，还有应付委托供货和加工单位代付的运输费、装卸费、保管费和其他杂费。

经济结算有异地结算和同城结算：

异地结算：系指供需双方在两个城市间进行结算。它的结算方式有：异地托收承付结算、信汇结算，以及部分地区试行的限额支票结算等方式；

同城结算：是指供需双方在同一城市内进行结算。结算方式有：同城托收承付结算、委托银行付款结算、支票结算和现金结算等方式。

1. 托收承付结算。托收承付结算，系由收款单位根据合同规定发货后，委托银行向付款单位收取货款，付款单位根据合同核对收货凭证和付款凭证等无误后，在承付期内承付的结算方式。

2. 信汇结算。信汇结算，是由收款单位在发货后，将收款凭证和有关发货凭证，用挂号函件寄给付款单位，经付款单位审核无误通过银行汇给收款单位。

3. 委托银行付款结算。委托银行付款结算，由付款单位接采购材料货款，委托银行从本单位账户中将款项转入指定的收款单位账户的一种同城结算方式。

4. 支票结算。支票结算，由付款单位签发支票，由收款单位通过银行，凭支票从付款单位账户中支付款项的一种同城结算方式。

5. 现金结算。现金结算，是由采购单位持现金向商店购买零星材料的货款结算方式。每笔现金货款结算金额，按照各地银行所规定的现金限额内支付。

货款和费用的结算，应按照中国人民银行的规定，在成交或签订合同时具体明确结算方式和具体要求。结算的具体要求是：

（1）明确结算方式；

（2）明确收、付款凭证。一般凭发票、收据和附件（如发货凭证、收货凭证等）；

（3）明确结算单位，如通过当地建材公司向需方结算货款。

建筑企业在核付货款和费用时，应认真审核。其主要内容有：

（1）材料名称、品种、规格和数量是否与实际收料的材料验收单相符；

（2）单价是否符合国家或地方规定的价格，如无规定价格的，应按合同规定的价格结算；

（3）委托采购和加工单位代付的运输费用和其他费用，应按照合同规定核付：自交货地点装运到指定目的地运费，一般应由委托单位负担；

（4）收、付款凭证和手续是否齐全；

（5）总金额经审核无误后，才能通知财务部门付款。

如发现数量和单价不符、凭证不齐、手续不全等情况，应退回收款单位更正、补齐凭证、补办手续后，才能付款；如托收承付结算的，可以采取部分或全都拒付货款。

三、材料采购资金管理

材料采购过程伴随着企业材料流动资金的运动过程；材料流动资金运用情况决定着企业经济效益的优劣。因此，材料采购资金管理是充分发挥现有资金的作用，挖掘资金的最大潜力，获得较好的经济效益的重要途径。

编制材料采购计划的同时，必须编制相应的资金计划，以确保材料采购任务的完成。材料采购资金管理办法，根据企业采购分工不同、资金管理手段不同而有以下几种方法。

（一）品种采购量管理法

品种采购量管理法，适用于分工明确、采购任务量确定的企业或部门。按照每个采购员的业务分工，分别确定一个时期内其采购材料实物数量指标及相应的资金指标，用以考核其完成情况。对于实行项目自行采购的资金管理和专业材料采购的资金管理，使用这种方法可以有效地控制项目采购支出，管好、用好专业材料。

（二）采购金额管理法

采购金额管理法是确定一定时期内采购总金额，并明确这一时期内各阶段采购所需资金，采购部门根据资金情况安排采购项目及采购量。这种管理方法对于资金紧张的项目或部门可以合理安排采购任务，按照企业资金总体计划分期采购。一般综合性采购部门可以采取这种方法。

（三）费用指标管理法

费用指标管理法是确定一定时期内材料采购资金中成本费用指标，如采购成本降低额或降低率，用以考核和控制采购资金使用。鼓励采购人员负责完成采购业务的同时注意采购资金使用，降低采购成本，提高经济效益。

上述几种方法都可以在确定指标的基础上按一定时间期限实行承包，将指标落实到部门落实到人，充分调动部门和个人的积极性，达到提高资金使用效率的目的。

四、材料采购批量的管理

材料采购批量是指一次采购材料的数量。其数量的确定是以施工生产需用为前提，按计划分批进行采购。采购批量直接影响着采购次数、采购费用、保管费用和资金占用、仓库占用。在某种材料总需用量中，每次采购的数量应选择各项费用综合成本最低的批量，即经济批量或最优批量。经济批量的确定受多方因素影响，按照所考虑主要因素的不同一般有以下几种方法。

（一）按照商品流通环节最少的原则选择最优批量

从商品流通环节看，向生产厂直接采购，所经过的流通环节最少，价格最低。不过生产厂的销售往往有最低销售量限制，采购批量一般要符合生产厂的最低销售批量。这样既减少了中间流通环节费用，又降低了采购价格，而且还能得到适用的材料，最终降低了采购成本。

（二）按照运输方式选择经济批量

在材料运输中有铁路运输、公路运输、水路运输等不同的运输方式。每种运输中一般又分整车（批）运输和零散（担）运输。在中、长途运输中，铁路运输和水路运输较公路运输价格低、运量大。而在铁路运输和水路运输中，又以整车运输费用较零散运输费用低。因此一般采购应尽量就近采购或达到整车托运的最低限额以降低采购费用。

（三）按照采购费用和保管费用支出最低的原则选择经济批量

材料采购批量越小，材料保管费用支出越低，但采购次数越多，采购费用越高。反之，采购批量越大，保管费用越高，但采购次数越少，采购费用越低。因此采购批量与保管费用成正比例关系，与采购费用成反比例关系，用图表示为图 5-1。

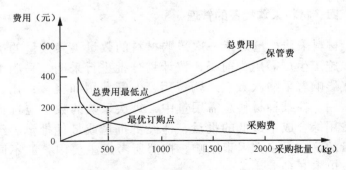

图 5-1 采购批量与费用关系图

第三节 材料采购方式

一、市政工程材料的采购方式

为工程项目采购材料、设备而选择供货商并与其签订物资购销合同或加工订购合同，多采用以下三种方式之一。

1. 招标方式。这种方式适用于大宗的材料和较重要的或较昂贵的大型机具设备，或工程项目中的生产设备和辅助设备。承包商或业主根据项目的要求，详细列出采购物资的品名、规格、数量、技术性能要求；承包商或业主自己选定的交货方式、交货时间、支付货币和支付条件，以及品质保证、检验、罚则、索赔和争议解决等合同条件和条款作为招标文件，邀请有资格的制造厂家或供应商参加投标（也可采用公开招标方式），通过竞争择优签订购货合同，这种方式实际上是将询价和商签合同连在一起进行，在招标程序上与施工招标基本相同。

2. 询价方式。这种方式是采用询价——报价——签订合同程序，即采购方对三家以上的供货商就采购的标的物进行询价，对其报价经过比较后选择其中一家与其签订供货合同。这种方式实际上是一种议标的方式，不但无需采用复杂的招标程序，又可以保证价格有一定的竞争性，一般适用于采购建筑材料或价值较小的标准规格产品。

3. 直接订购。直接订购方式由于不能进行产品的质量和价格比较，因此，是一种非竞争性采购方式。一般适用于以下几种情况：

（1）为了使设备或零配件标准化，向原经过招标或询价选择的供货商增加购货，以便适应现有设备。

（2）所需设备具有专卖性质，并只能从一家制造商获得。

（3）负责工艺设计的承包单位要求从指定供货商处采购关键性部件，并以此作为保证工程质量的条件。

（4）尽管询价通常是获得最合理价格的较好方法，但在特殊情况下，由于需要某些特定机电设备早日交货，也可直接签订合同，以免由于时间延误而增加开支。

二、市场采购

市场采购就是从材料经销部门、物资贸易中心、材料市场等地购买工程所需的各种材料。随着国家指令性计划分配材料范围的缩小，市场自由购销范围越来越大，市场采购这一组织资源的渠道在企业资源来源所占比重迅速增加。保证供应、降低成本，必须抓好市场采购的管理工作。

（一）市场采购的特点

1. 材料品种、规格复杂，采购工作量大，配套供应难度大；

2. 市场采购材料由于生产分散，经营网点多，质量、价格不统一，采购成本不易控制和比较；

3. 受社会经济状况影响，资源、价格波动较大。

由于市场采购材料的上述特点使工程成本中材料部分的非确定因素较多，工程投标风险大。因此控制采购成本成为企业确保工程成本的重要环节。

（二）市场采购的程序

1. 根据材料供应计划中确定的供应措施，确定材料采购数量及品种规格。根据各施工项目提报的材料申请计划，期初库存量和期末库存量确定出材料供应量后，应将该量按供应措施予以分解。其中分解出的材料采购量即成为确定材料采购数量和品种规格的基本依据。再参考资金情况、运输情况及市场情况确定实际采购数量及品种规格。

2. 确定材料采购批量。按照经济批量的确定方法，确定材料采购批量，采购次数及各项费用的预计支出。

3. 确定采购时间和进货时间。按照生产部门下达的作业进度计划，考虑现场运输、储备能力和加工准备周期，确定进货时间。

4. 选择和比较可供材料的企业或经营部门，确定采购对象。当同一种材料，可供资源部门较多且价格、质量、服务差异较大时，要进行比较判断，常用的方法有以下几种：

（1）经验判断法。根据专业采购人员的经验和以前掌握的情况进行分析、比较、综合判断，择优选定采购对象。

（2）采购成本比较法。当几个采购对象对所购材料在数量上、质量上、价格上均能满足，而只在个别因素上有差异，可分别考核计算采购成本，选择低成本的采购对象。

三、组织材料的其他方式

（一）与建设单位协作采购

与建设单位协作进行材料采购必须明确分工，划分采购范围及结算方式，并按照施工图预算由施工部门提出其负责采购部分材料的具体器种、规格及进场时间，以免造成停工待料。对于建设单位对工程所提出的特殊材料和设备，应由建设单位与设计部门、施工部门共同协商确定采购、验收使用及结算事宜，并做好各业务环节的衔接工作。

（二）补偿贸易

材料生产企业由施工企业提供部分或全部资金，用于补偿贸易企业新建、扩建、改建项目或购置机械设备。提供的资金分有偿投资和无偿投资两种，普遍采取的是有偿投资方式。有偿投资按投资金额分期归还，利息负担通过协商确定。补偿贸易企业生产的建筑材料，可以全部或部分作为补偿产品供应给施工企业。

补偿贸易方式可以建立长期稳定、可靠的采购协作基地，有利于开发新材料、新品种，促进建材生产企业提高产品质量和工艺水平。实行补偿贸易，应做好可行性调查，落实资金，签订补偿贸易合同，以保证经济关系的合法和稳定。

（三）联合开发

市政工程企业可以按照不同材料的生产特点和产品特点，与材料生产企业合资经营、联合生产、产销联合和技术协作等，开发更宽的资源渠道，获得较优的材料资源。

合资经营，是指市政企业与材料生产企业共同投资，共同经营管理，共担风险，实行利润分成。这种方式对稳定资源、扩大施工企业经营范围十分有利。

联合生产，是由市政企业提供生产技术，将产品的生产过程分解到材料生产企业，所生产的产品由建筑企业负责全部或部分包销。

产销联合，是指市政企业与材料生产企业之间对生产和销售的协作联合，一般是由建筑企业实行有计划的包购，这样不仅可以保证材料生产企业专心生产，而且成为市政企业长期稳定的供应基地。

技术协作，指企业间有偿地转让科研成果、工艺技术、技术咨询、培训人员，以资金或建材产品偿付其劳动支出的合作形式。

（四）调剂与协作组织资源

企业之间本着互惠互利的原则，对短缺材料的品种规格进行调剂和串换，以满足临时、急需和特殊用料。一般通过以下几种形式进行。

1. 全国性的材料调剂会。

2. 地区性的材料调剂会。

3. 系统内的材料串换。

4. 各部门设立的积压材料处理门市。

5. 委托商业部门代为处理和销售。

6. 企业间相互调剂、串换及支援。

第六章　材料的仓库管理

市政工程企业的仓库是储备材料的场所，是各种材料供应的中心。仓储管理工作在供应管理工作中占有重要地位。它对于确保生产建设，促进经济核算，加速资金周转，提高企业效益，具有重要的意义。

第一节　仓库管理的性质

一、材料储备的形成

储备的目的，一是保存好产品的数量和质量，二是保护产品的所有权。随着社会生产的发展，专业化程度的提高，材料储备的重要性亦越来越明显。因为任何商品（产品）只要它不是从生产领域直接进入生产消费或个人消费领域，即需要有一个产品从脱离生产过程到进入再生产或消费过程之间的间隔时间。由于有了这段时间，就必然形成一定量的材料储备。

二、仓库管理概念及性质

由于材料储备的形成，必然出现存放储存品的建筑物——仓库。仓库就是用来储存保管物资的场所。它是随着材料储备的产生而产生的。

材料储备和仓库的产生，伴随着产生了服务于材料储备的一系列管理工作和技术工作，这些工作统称为仓储管理。随着社会生产的不断发展，仓储管理也越来越被社会所重视。它形成了生产过程中的一个不可缺少的环节。

仓库是材料的集散地。随着科学技术的不断发展，仓库已从一个单纯进入储存保管材料的场所变为配送材料的中心。它将完成物资的分类、计量、入库、包装、配送等多项功能。这样，仓库在生产建设中的作用也就更加显著了。

仓库管理的性质是属于生产性的。无论是处在生产领域的仓储管理还是流通领域的仓储管理，其性质是相同的。这是因为：

1. 生产资料的储存、运输、保管是社会再生产过程中不可缺少的中间环节。

为了储备而耗费的资本和劳动力，总是从直接的生产过程反映出来。只是这种生产过程被流通的形式掩盖起来，而使人们不易查觉。从生产过程来看，由于有了物资的储运和保管，才保证生产建设的连续不断地进行。为了满足一定时期内一定生产建设规模的需用量，就必须储备一定数量的材料。而随着储备材料的不断消耗，需要不断给予更新。储备的这种更新归根到底也只能从生产中得到。因此，仓库管理是生产者建设过程中的一个必要的中间环节，是产品的生产过程在流通领域的组成部分。

2. 仓库管理和一般生产建设管理一样，必须具备劳动力，劳动资料和劳动对象三要素。

要进行材料储存、运输和保管，就必须具备储存材料的建筑物、容器以及用于材料装卸搬运的各种超重运输设备。为了保管好材料，还需要根据材料的性质，或多或少地耗费劳动资料和劳动力，这就构成了仓储管理的劳动资料和劳动力，其劳动对象就是被保管的材料。整个运输存储过程，实际上就是有一定技能的劳动者借助于劳动资料，作用于劳动对象的活动，由此可见，仓库管理是具有生产性质的。

仓库管理虽具有生产性质，但它又不同于一般市政生产企业的生产活动。

（1）仓库管理本身并不生产产品，被保管材料的使用价值并不因保管劳动的消耗而增加，但材料经过保管以后，它的价值会相应增加。

（2）仓库生产具有不均衡和不连续的特点。因为物资的进库和出库时紧时松，不均衡和不连续。

（3）仓库管理还具有服务性。为了保证生产建设的正常进行，仓储单位必须根据生产建设发展形势，根据需要，及时、齐备、保质、保量地将物资供应给使用单位。

正确认识这种性质，就能正确对待和处理仓库管理工作中的各种问题，使这项工作更好地为生产建设服务。

第二节　材料验收入库

一、材料的接运

接运工作是材料入库的第一步。它的主要任务是及时而准确地向交通运输单位提取入库材料。要求手续清楚，责任分明，为仓库验收工作创造有利条件。在接运时，必须认真检查，取得必要的证件。

接运方式大体有四种：到车站、码头提货；在专用线接车；仓库自行提货及库内提货。

（1）车站、码头提货工作注意事项。提货人员要在到货前，主动了解到货时间和交货情况，根据到货多少，组织装卸人员、机具、车辆按时前往提货。对所提取材料，了解其品名、型号、特性和一般保管知识，装卸搬运注意事项等。

提货时应根据运单及有关资料详细核对品名、规格、数量，注意外观检查（包装、封印完好情况，有无玷污、受潮、水渍、油渍等）。

在短途运输中，要注意不混、不搞乱、避免碰坏丢失，注意在途材料安全。危险品应按照危险品搬运规定处理。

材料到库后，提货员应与保管员密切配合，尽量做到提货、运输、验收、入库、堆码一条线作业，从而缩短验收入库时间，并办清内部交接手续。

（2）专用线接车。一般是大宗材料。接到专用线到货通知后，应确定卸车货位，力求缩短场内搬运距离，组织好卸车所需的机械，人员及有关资料，做好卸车准备。

车皮到达后，引导到位，检查车皮封闭情况是否良好（即车卡、铅封、苫布等有无异状）；根据运单和有关资料，核对到货品名、规格、标志，清点数量，检查包装是否有损坏或有无散失情况；检查有否进水、受潮或其他损坏情况。如发现情况，应该找铁路部门派人复查，作出记录，记录内容应与实际相符，以利进行交涉。

卸车时要注意为验收和入库保管创造条件，分清车号、品号、规格，保证包装完好、不损坏、不压伤，更不得自行将包拆散，根据物资性质合理堆放，一般应有临时的上盖下垫，避免受潮。

编制卸车记录，记明卸车货位、规格、数量，连同有关证件和资料，尽快向保管员交待清楚，办好交接手续。

（3）仓库自行提货和库内接货。在接到供货单位提货通知时，这种提货与初验、工作结合起来同时进行。根据提货通知，了解所提货物的性能、规格、数量，准备好提货所需的人员及机械工具，在供方，当场检验质量、清点数量、做好验收记录，以便交保管员进行复查验收。

供货单位直接将货物运达仓库时，应由保管员或验收人员直接与送货人办理接收工作，当面验收并作出验收记录，若有差错，应填写记录，由送货人员签章证明。凭此向有关部门索赔。

二、材料的验收

仓库材料的来源比较复杂。由于材料的来源不同，再加上运输条件的差异、包装质量参差不齐，使入库材料在数量和质量上都会有发生各种变化的可能。这一复杂性，决定了材料入库验收的重要性。

验收工作贯穿在仓库技术作业的全部过程中，入库收货时的检验，保管阶段的质量检查，发货阶段的备货复查，以及库存的盘点等，都是验收工作。入库阶段的检验是材料验收的主要环节。

三、材料入库

材料经过验收合格后，若不马上发放使用，就应入库，进入材料的保管保养阶段。物资一经入库，就应办理登账、建卡和相关入库手续。

（1）材料保管账：材料保管账是详细反映该物资进、出、结存情况的账目。仓库财务部门有会计账凭以结算外，各库都应建立材料保管账目，分别按材料的品种、规格分批分次进行填制，在保管账上应注明该种材料的货位号、档案编号，以便查对。

由于材料保管账是反映材料进出动态的依据，因此登账必须及时准确。

（2）料卡：料卡是直接用来表明物资的品种、品名、规格、单价、进出动态和结存数的材料保管卡片。料卡是在材料入库码成垛后，随即填写。此卡有的装订成册，由保管员负责；有的直接挂在货垛上。料卡应能及时反映材料储存动态，因此，必须及时填写，妥善保管。

（3）建立材料档案。材料验收入库，登账的同时应建立材料档案。目的是为了更好地进行技术资料的管理，调阅方便，同时，也便于了解材料在入库前及保管期的活动金额，有利于积累和研究保管材料的经验。

档案的内容：一般有出厂时的各种凭证，技术资料，材料入库验收前后运输资料和其他凭证，材料验收入库记录、磅码单、技术检验证件、库内外的温度记载情况及对材料影响情况；材料保管期间检查情况、维修保养损溢变动等情况，库房设备，材料出库凭证等。

材料档案应该统一编号，并在保管账上注明，以便查阅。档案资料的保管期限以实际情况为限。对科学试验的经验总结，应长期保存，为以后的科学试验提供参考。

第三节 材料的保管保养

一、材料保管保养的意义和要求

1. 材料保管保养的意义：材料的保管保养是根据各种材料的性能特点，结合当地的具体自然条件，对材料采取各种科学的保管和维护保养方法。

任何一种材料，当它处在储存期时，表面上看，材料是处于静止状态，但从物理和化学角度分析，材料仍在不断发生着变化。这种变化，因材料本身的性质、所处的条件，以及外界的接触不同而有差异。变化结果，除少数例外，一般对材料的使用价值都有不同程度的损害。材料的保管保养工作是保持仓储材料原有使用价值的根本措施。要使材料在保管期间不发生或尽量少发生变化，必须投入必要的财力、物力和劳动力，对材料加以妥善的保管和采取有效的维护保养措施，才能防止和克服自然条件中各种有害因素的影响。

另一方面，材料在出库期间，其使用价值是得不到实现的。只有将材料发放到使用部门，投入使用后，才能实现价值。因此，材料的保管保养工作不仅影响着材料本身的使用价值，更重要的是直接影响生产建设的正常进行。如果材料在库存期间就已变质损坏，不仅浪费了材料，而且还影响到材料供应工作不能正常进行。进而影响了生产建设的进行。所以材料保管保养工作也是保证及时、齐备、按质、按量地将材料供应给生产建设的前提和条件。

同时，合理地保管保养材料，对降价仓储费用，节省开支也起着一定的促进作用。

综上所述，材料保管保养工作是仓储管理的核心，也是科学管理材料的重要方面。那种"重吞吐、轻维护"的思想是不正确的，应在充分认识这项工作意义的基础上，切实做好材料的保管保养工作。

2. 材料保管保养的要求：由于入库材料品种繁多，规格复杂，性能又各有差异，它们受自然因素影响变化情况又各不相同。因此，在保管时，必须根据材料的各种性能特点，研究适宜的保管保养方法，才能有效地防止各种有害因素的影响，同时，材料的保管保养工作，还必须能保证材料的快收快发，保证仓储业务的顺利进行，为此必须做到"四保"，即保质、保量、保安全、保急需。

"保质"是指仓储材料无论存储时间长短，只要在仓库中存储着，就应和材料入库验收时一样，仍应符合该材料所规定的质量标准。

"保量"是指仓储材料无论储存时间长短，都应保证数量准确，即件数不短缺，重量不损耗（对挥发性材料应在保管损耗率内）做到账、卡、物相符。

"保安全"是要求保管员，特别是保卫人员或消防人员，对储存的各类材料做到安全无事故，即要做到防火、防盗、防破坏、防自然灾害的侵袭及防止车辆肇事等所造成的材料损失。

"保急需"指仓库一旦收到"调拨单"，或提货人到库，或列车进入专用线时，应保证在最短时间内把材料发出，以确保生产建设的需要。

为了做到这"四保"，要切实做好"三化"工作，即"仓库规划化"、"存放系列化"、"保养经常化"。

仓库规划化：仓储应根据储存任务和仓库的情况（如设备、人员、自然环境等），按照材料的性能和要求，分区分类，布局合理，库容整洁，堆码有序，标记鲜明。

存放系列化：按照材料的不同材质，规格四号定位，五五码放，做到规格不串、材质不混、数量准确，账、证、物、卡四相符，确保仓储材料无差错，无丢失。

保养经常化，按照材料的性能特点和保管要求，合理存放，妥善保养，经常检查。

二、抓好材料保管中的几个具体环节

（1）分区分类。根据材料类别，合理规划材料摆放的固定区域；

（2）四号定位。统一按库号、架号、层号、位号四者来编号，并与账号统一；

（3）立牌立卡。对定位、编号的材料建立料牌和卡片，标明材料的名称、编号、到货日期和涂色标志，卡片上写记录材料的进出数量和结余数量；

（4）五五摆放。根据各种材料的性质和形状，以"五"为计量基数，大的五五成方，小的五五成包，方的五五成行，短的五五成堆，薄的五五成层；

（5）"十防"工作。为保证仓库安全检查和材料完好，在存储过程中要做好防尘、防潮、防腐、防锈、防磨、防水、防爆、防变质、防漏电、防震等工作；

（6）建立健全账卡档案。及时掌握和反映产、供、耗、存等情况，仓库和财会部门及供应定期对账制度，保证账卡物相等。

第四节　材料的发放

向需用单位发放材料，保证生产建设的需要，是仓储管理的一项重要工作和最终目的。它标志着材料仓储阶段的结束。因此，材料发放工作的好坏，本身就是对仓储管理进行的一次鉴定。

一、材料发放工作的意义

（1）材料发放工作是仓储工作直接与生产建设单位发生业

务联系的一个环节。能否准确、及时、完好地把材料发放出去，是衡量仓储工作为生产建设服务质量的一个重要标志，也是加速流通领域资金周转的关键。

（2）材料发放工作好坏，不仅直接影响生产建设者的速度和质量，而且还直接影响交通运输的生产。材料出库后，一般都要经过运输，方能达到需用单位投入使用。如果由于材料出库时的疏漏，造成错发事故，将给运输部门带来麻烦，造成不应有的经济损失。

（3）合理安排和组织材料发放过程中的人员、设备等，不仅能保证材料迅速、准确地出库，而且对节约劳动力、充分发挥设备效能等方面，也具有一定的意义。

因此，仓库必须根据材料出库计划和有关制度，严格按照材料出库程序，有计划地进行材料发放工作。

二、材料出库的方式

材料出库存一般有三种方式：领货、送货和代运。

（1）领货方式：用料单位凭已经批准的用料计划或材料调拨单，经过一定手续（如办理料款结算手续）自行到仓库存提货。企业仓库一般都是采取这种方式。但这种方式存在一定的缺点，如领取手续复杂，不能及时满足需要等，因此现在逐渐被送货形式所代替。

（2）送货形式：仓库根据出库凭证备货后，将材料直接送到使用单位（或收货单位）。这种出库方式较前一种更能体现为生产服务的要求。

（3）代运形式：是由仓库备完货后，通过运输部门代办托运，包括铁路、水运、航空及邮寄等方式，将材料发到需用单位所在的车站、码头或邮局，然后由需用单位提取。

三、材料发放过程中应抓好的几个环节

（1）按质、按量、齐备、准时、有计划地发放材料确保施

工生产需要；

（2）严格发放手续，防止不合理领用；

（3）对多余材料及时办退库，转账和退料手续，节约使用材料。

第五节　材料的保管损耗和清仓盘点

一、材料保管损耗

保管损耗是指在一定的时间内，保管这种材料所允许发生的自然损耗，一般的材料采用保管损耗率来表示。

1. 造成材料保管损耗的原因：

（1）材料的自然损耗。

材料的自然损耗原指材料在运输与库存等流转过程中因产品性能、自然条件、包装情况、运输工具、装卸设备、技术操作等关系所造成的挥发、飞散、风化、潮解、腐蚀、漏损、粘皮等以及搬运、装卸、检验等各个环节中的换装、倒桶、倒垛、管道输送、拆包检查等到所产生的损耗与自然减量。这一部分损耗是不可避免的，它是材料保管损耗据以确定的界限。

自然损耗虽然是不可避免的，但它又是相对的，它可以随着季节、保管期限、包装状况以及储存条件变化和保管技术而变化。材料保管损耗率应随着保管条件的改善而不断有所降低。

（2）由于保管不善或自然灾害造成的损失。如工作人员的失职，使材料霉烂变质或丢失；又如由于水灾、地震而造成的非常损失，以及包装破损而造成的大量漏损等。

（3）运输损耗与磅差，材料从发货单位点交时起，经搬运、装卸、运输，中转到仓库验收、过磅、入库时止，整个过程中所发生的损耗，均为运输损耗。磅差是指材料在进出库存时，由计量工具的差别而造成的亏损。

在制定材料保管损耗时，必须划清损耗范围，凡属上述

（2）、（3）种原因造成的损失不应该计算在内。

2. 材料保管损耗率的制定方法：制定材料保管损耗率应根据该种物资的损耗历史资料，结合目前的储存条件、包装情况，保管地区、季节、保管期限等综合确定。

材料保管损耗率以百分比表示，为了准确地制定损耗定额，应尽可能采用技术查定法，对一定数量的某种材料在不同储存条件下，进行储存试验，并记录其数量与质量的变化情况，根据记录资料，分析出各种因素与资料损耗之间的关系，最后确定合理的材料保管损耗率。

决定材料保管损耗率的主要因素：材料本身的物理化学性能；材料包装情况；材料储存条件；材料的储存期限。

在具体制定或修订损耗率时，应把同类材料的损耗统计，按上述因素也进行分类，分别采取其中几位平均值为损耗率。

二、材料的清仓盘点

由于入库材料品种繁多，收发频繁，同时又有各种因素影响，极易造成材料数量和质量的变化。因此经常性的盘点和检查也是仓储管理中不可缺少的一项工作。只有通过盘点和检查，才能摸清材料在保管期间的变化情况以及引起材料变化的各种因素，及时采取有效措施，不断总结经验教训，促进材料保管技术的提高。同时，也只有通过盘点和检查，才能掌握库存材料动态，及时发现积压和超保管期限的材料，有助于利库工作的开展。

1. 检查盘点的内容：

（1）点数量，查规格：清点实物量，检查数是否准确，规格有无混杂，并核对账、卡、物是否一致。

（2）查质量：检查库存材料的质量有无变化，包括有否发生锈蚀、霉变、潮解、虫蛀、鼠咬等情况，必要时可进行化验或技术检验。

（3）有无超过保管期限及长期未使用造成积压的材料。

（4）查保管条件：检查堆码是否合理稳固，苫垫是否严密，场地有无积水和杂草，有无漏雨、虫害等现象。

（5）查安全；检查各种安全措施和消防设备是否齐全及是否符合安全要求。

2. 盘点检查方法：

（1）定期清仓盘点。由材料清仓盘点小组，按制度规定的时间对仓库材料进行全面清点；

（2）经常清仓盘点。由仓库管理人员每日通过收发料及时检查库存材料的账、卡、物是否相等，每月对有变动的材料进行一至二次的抽查；

（3）重点检查。一般在节假日前要组织安全检查；梅雨季节前后工组织质量和保养情况的检查；夏季前要组织防热措施检查；冬季要组织冬防措施检查；大风雨前和灾害性气候时要组织紧急检查，以及根据工作中发现问题而决定的重点检查。

第六节　库存控制规模——ABC分类法

一、ABC分类法原理

ABC分类法是一种从种类繁多、错综复杂的多项目或多因素事物中找出主要矛盾，抓住重点，照顾一般的管理方法。建筑企业所需的材料种类繁多，消耗量、占用资金及重要程度各不相同。如果对所有的材料同等看待全面抓，势必难以管理好，且经济上也不合理。只有实行重点控制，才能达到有效管理。在一个企业内部，材料的库存价值和品种数量之间存在一定比例关系，可以描述为"关键的少数，次要的多数。"大约有5%～10%的材料，资金占用额达70%～75%；约有20%～25%的材料，资金占用额大致为20%～25%；还有65%～70%的大多数材料，资金占用额仅为5%～10%。根据这一规律，将库存材料分为ABC三类。如表 6-1 所示。

材料 ABC 分类表　　　　　　　　　　　表 6-1

分　类	分　类　依　据	品种数（%）	资金占用量（%）
A 类	品种较少但需要量大、资金占用较高	5～10	70～75
B 类	品种不多、资金占用额中等	20～25	20～25
C 类	品种数量很多、资金占用比重却较少	65～70	5～10
合计		100	100

　　根据 ABC 三类材料的特点，可分别采用不同的库存管理方法。A 类材料是重点管理的材料，对其中有每种材料都要规定合理的经济订货批量，尽可能减少安全库存量，并对库存量随时进行严格盘点。把这类材料控制好了，对资金节省起重要作用。对 B 类材料也不能忽视，应认真管理，控制其库存。对于 C 类材料，可采用简化的方法管理，如定期检查，组织在一起订货或加大订货批量等。三类材料的管理方法比较如表 6-2 所示。

ABC 分类管理方法　　　　　　　　　　表 6-2

管理类型		材料的分类		
		A	B	C
价值		高	一般	低
定额的综合程度		按品种或按规格	按大类品种	按该类的总金额
定额的检查方法	消耗定额	技术计算法	写真计算法	经验估算法
	库存周转金额	按库存量的不同条件下的数学模型计算	同 A	经验估算法
检查		经常检查	一般检查	季或年度检查
统计		详细统计	一般统计	按全额统计
控制		严格控制	一般控制	金额总量控制
安全库存量		较低	较大	允许较高

二、ABC 分类法工作步骤

1. 计算每一种材料年累计需用量；

2. 计算每一种材料年使用金额和年累计使用金额，并按年使用金额大小的顺序排列；

3. 计算每一种材料年需用量和年累计需用量占各种材料年需用总量的比重；

4. 计算每一种材料使用金额和年累计使用金额占各种材料使用金额的比重；

5. 画出帕莱特曲线图；

6. 列出 ABC 分类汇总表；

7. 进行分类控制。

第七节　库存管理

一、库存量

包括平均库存量和安全库存量。平均库存量等于是一个库存的平均数，是库存模式的重要概念，根据进货次数和领用量不同，有：

（1）一次进货，逐渐等量耗用，平均库存量等于初期库存量的一半；

（2）一次进货，耗用不均匀，平均库存量等于曲线下面积除以耗用时间；

（3）多次等量进货，依次等量使用，平均库存量等于每批进货量的一半。安全库存量是由于供货偶然发生运输或交货误期，或由于计划不周需要量突然增加，为保证生产不中断而建立的材料储备。

二、订货点与订货批量

（1）订货点。当实际库存量降到某一点时，必须着手进行材料的补充，否则就要缺货，这个点就是订货点。

（2）订货批量。当库存过到订货点时，所订材料的数量即为订货批量。

（3）订货提前期。一旦库存量降到订货点并安排了订货，材料订货至到货这段时间即为订货提前期。

三、库存控制方法的两种形式

（1）定量订货法。即事先确定一个订货量，而订货时间不固定，当实际库存量降到订货点时，立即组织订货。

订货点 = 平均每日需要量 × 订购时间 + 保险储备量

（2）定期订货法。即事先确定订货时间（如每月几日订货），到时间就去组织订货，以保证一定库存数量的订货方法。

四、库存费用

（1）保管费用——材料储存在仓库里所发生的费用。如仓库折旧、维修、照明、管理费等；

（2）订货费用——订购材料时所发生的费用，每订货一次就会发生一次，如采购人员的工资、差旅费等；

（3）采购价格；

（4）缺货损失费。

五、库存管理目标

从库存费用的组成中可以分析出：从保管的角度看，订货次数多些就可减少库存量，由此可减少库存费用；从订货的角度看，订货次数少些，每次订货批量大些，可减少订货费用；从缺货的角度看，应增加库存量才能减少缺货造成的损失。因此，库存管理目标就是如何进行综合分析，使上述各类费用的总和最低。

六、库存规模控制

采用 ABC 分类法进行规模控制。

七、采购价格

指单位材料的售价。采购价格与订货数量有关，当订货数量超过一定限度时，可以在单价上得到优惠。

八、缺货损失

指由于供需脱节而停工、调整生产计划或组织加班等所造成的损失或增加的开支。

第八节　库存控制与分析

材料储备定额确定的是一种理想状态下的材料储备。市政企业的生产，实际上作不到均衡消耗、等间隔、等批量供应。因此，储备量管理还应根据变化因素，调整材料储备。

一、实际库存变化情况分析

1. 在材料消耗速度不均衡情况分析。当材料消耗速度增大，在材料进货点未到来时，经常储备已经耗尽，当进货日到来时已动用了保险储备，如果仍然按照原进货批量进货，将出现储备不足。

当材料消耗速度减小，在材料进货点到来时，经常储备尚有库存，如果仍然按照原进货批量进货，库存量将超过最高储备定额，造成超储损失。

2. 到货日期提前或拖后情况分析。到货拖期，使按原进货点确定的经常储备耗尽，并动用了保险储备，如果此时仍然按照原进货批量进货，则会造成储备不足。

提前到货，使原经常储备尚未耗完，如果按照原进货批量再进货，会造成超储损失。

二、库存量的控制方法

（一）定量库存控制法

定量库存控制法，也称订购点法。是以固定订购点和订购批量为基础的一种库存控制法，即当某种材料库存量等于或低于规定的订购点时，就提出订购，每次购进固定的数量。这种库存控制方法的特点是：订购点和订购批量固定，订购周期和进货周期不定。所谓订购周期，是指两次订购的时间间隔；进货周期是指两次进货的时间间隔。

确定订购点是定量控制中的重要问题。如果定购点偏高，将提高平衡库存量水平，增加资金占用和管理费支出；订购点偏低则会导致供应中断。订购点由备运时间需要量和保险储备量两部分构成。

订购点 = 备运时间需要量 + 保险储备量

= 平均备运天数 × 平均每日需用量 + 保险储备量

式中：备运时间是指自提出订购到材料进场并能投入使用所需的时间（包括提出订购及办理订购过程的时间；供货单位发运所需的时间；在途运输时间；到货后验收入库时间；使用前准备时间）。实际上每次所需的时间不一定相同，在库存控制中一般按过去各次实际需要备运时间平均计算求得。

例：某种物资每月需要量是300t，备运时间8d，保险储备量40t，求订购点。

$$订购点 = \frac{300}{30} \times 8 + 40 = 120 \quad (t)$$

采用定量库存控制法来调节实际库存量时，每次固定的订购量，即为经济订购批量。

定量库存控制法在仓库保管中可采用双堆法，也称分存控制法。它是将订购点的材料数量从库存总量分出来，单独堆放或划以明显的标志，当库存量的其余部分用完，只剩下订购点一堆时，应即提出订购，每次购进固定数量的材料（一般按经济批量订购）。还可将保险储备量再从订购点一堆中分出来，称为三堆法。双堆法或三堆法，可以直观地识别订购点，及时进行订购，简便易行。这种控制方法一般适用于价值较低，用量不大，备运时间较短的一般材料。

（二）定期库存控制法

定期库存控制法是以固定时间的查库和订购周期为基础的一种库存量控制方法。它按固定的时间间隔检查库存量并随即提出订购计划，订购批量是根据盘点时的实际库存量和下一个进货周期的预计需要量而定。这种库存量控制方法的特征是：订购周期固定，如果每次订购的备运时间相同，则进货周期也固定，而订货点和订购批量不固定。

订购批量（进货量）的计算式：

$$\frac{订购}{批量} = \frac{订购周期}{需要量} + \frac{备运时间}{需要量} + \frac{保险}{储备量} - \frac{现有}{库存量} - \frac{已订}{未交量}$$

$$= \left(\begin{array}{c}订购\\周期\\天数\end{array} + \frac{平均备}{运天数}\right) \times \frac{平均一日}{需要量} + \frac{保险}{储备量} - \frac{现有}{库存量}$$

$$- \frac{已订}{未交量}$$

式中："现有库存量"为提出订购时的实际库存量；"已订未交量"指已经订购并在订购周期内到货的期货数量。

例：某种物资每月订购一次，平均每日需要量是6t，保险储备量40t，备运时间为7d，提出订购时实际库存量为80t，原已订购下月到货的合同有50t，求该种材料下月的订购量。

代入公式：

下月订购量 = （30 + 7） × 6 + 40 - 80 - 50 = 132 （t）

上述计算，是以各周期均衡需要时进货后的库存量为最高储备量作依据的，订购周期的长短对订购批量和库存水平有决定性影响，当备运时间固定时，订货周期和进货周期的长短相同，即相当于核定储备定额的供应期天数。

在定期库存控制中，保险储备不仅要满足备运时间内需要量的变动，而且要满足整个订购周期内需要量的变动。因此，对同一种材料来说，定期库存控制法比定量库存控制法要求有更大的保险储备量。

定量控制与定期控制比较：两种方法各有其优缺点，一般来说，定量控制的优点是：

（1）能经常掌握库存量动态，及时提出订购，不易缺料；

（2）保险储备量较少；

（3）每次定购量固定，能采用经济订购批量，保管和搬运量稳定；

（4）盘点和定购手续简便。

定量控制的缺点是：

（1）订购时间不定，难以编制采购计划；

（2）未能突出重点材料；

（3）不适用需要量变化大的情况，不能及时调整订购批量；

（4）不能得到多种材料合并订购的好处。

定期库存订购法的优点和缺点，与定量库存控制法相反。

由于两种库存控制法有不同的优缺点，因而各有不同的适用范围：

定量库存控制法一般适用于：

（1）单价较低的材料；

（2）需要量比较稳定的材料；

（3）缺料造成损失大的材料。

定期库存控制法一般适用于：

（1）需要量大，必须严格管理的主要材料，有保管期限的材料；

（2）需要量变化大而且可以预测的材料；

（3）发货频繁、库存动态变化大的材料。

（三）最高最低储备量控制法

对已核定过材料储备定额的材料，以最高储备量和最低储备量为依据，采用定期盘点或永续盘点，使库存量保持在最高储备量和最低储备量之间的范围内。当实际库存量高于最高储备量或低于最低储备量时，都要积极采取有效措施，使它保持在合理库存的控制范围内，既要避免供应脱节，又要防止过量积压。

（四）警戒点控制法

警戒点控制法是从最高、最低储备量控制法演变而来的，是定量控制的又一种方法。针对市场货源充裕、能随时定购、不受运输、季节影响的一般材料，为减少库存，如果以最低储备量作为控制依据，往往因调节时间过短而导致缺料，故根据各种材料的具体供需情况，规定比最低储备量稍高的警戒点（即订购点），当库存降至警戒点时，就提出订购，订购数量根据计划需要而定，这种控制方法能减少发生缺料现象，有利于降低库存。

（五）类别材料库存量控制

前面的库存控制是对材料具体品种、规格而言，对类别材料库存量，一般以类别材料储备资金定额来控制。材料储备资金是库存材料的货币表现，储备资金定额一般是在确定的材料合理库存量的基础上核定的，要加强储备资金定额管理，必须加强库存控制。以储备资金定额为标准与库存材料实际占用资金数作比较，如高于或低于控制的类别资金定额，要具体研究原因，找出问题的症结，以便采取有效措施。即便没有超出类别材料资金定额，也往往掩盖着库存品种、规格、数量等不合理的因素，如类别中应该储存的品种没有储存，有的用量少储量大，有的规格、质量不对路等弊端，都要切实进行库存控制。

三、库存分析

为了合理控制库存，应对库存材料的结构、动态及资金占用等进行分析，找出经验和问题，及时采取相应措施，使库存材料始终处于合理控制状态。

（一）库存材料结构分析

这是检查材料储存状态是否达到"生产供应好，材料储存低，资金占用少"的要求。

1. 库存材料储备定额合理。这是对储备状态的分析。有的企业把储备资金下到库，但没有具体下到应储材料品种上，可能会出现应储的没有储，不应储的反而储了，而储备资金定额还没有超出的假象，使库存材料出现有的缺、有的多、有的用不上等不合理状况，分析储备状态的计算公式：

$$A = \left(1 - \frac{H+L}{\Sigma}\right) \times 100\%$$

式中　　A——为库存材料定额合理率；

　　　　H——为超过最高储备定额的品种项数；

　　　　L——为低于最低储备定额的品种项数；

　　　　Σ——为库存材料品种总项数。

　　例：某企业仓库库存材料品种总计824项，一季度检查中超过最高储备定额的41项，低于最低储备定额的132项，求库存材料定额合理率。

$$A = \left(1 - \frac{41+132}{824}\right) \times 100\% = 79\%$$

　　分析结果表明，库存材料合理率只占79%，不合理率占21%。经查出这种不合理的21%中，超储的占5%，有积压的趋势；低于最低储备定额的占16%，有中断的可能。再进一步分析超储和低储的是哪些品种、规格，规格具体情况，积极采取措施，使库存材料储备定额处于合理控制状态。

　　2. 库存物资动态合理率。这是考核材料流动状态的指标。物资只有投入使用才创造价值和使用价值。流转越快，效益越高；长期储存，不但不能创造价值，而且要支出保管费用和利息，还要发生变质、削价等损失。计算动态合理率的公式为：

$$B = \frac{T}{\Sigma} \times 100\%$$

式中　　B——库存材料动态合理率；

　　　　T——库存材料有动态的项数；

　　　　Σ——库存材料总项数。

　　例：某企业综合仓库，库存总品种、规格为1286项，一季度末检查，库存材料中有动态的810项，求库存材料动态合理率。

$$B = \frac{810}{1286} \times 100\% = 63\%$$

经过分析，该库存动态的占 63%，无动态的则占 37%。对这部分无动态的库存材料应引起重视，分品种作具体分析，区别对待。如果每季度、年度都作这种分析，多余和积压的材料便能得到及时处理，促使材料加速周转。

通过储备定额合理率的分析，掌握了库存材料的品种规格余缺及数量的多少，又由动态分析掌握了材料周转快慢和多余积压，使库存品种、数量都处于控制之中，加强了仓库管理。

（二）库存材料储备资金节约率

这是考核储备资金占用情况的指标。库存资金是按照材料最高储备定额和最低储备定额乘以材料单价合计而成的，这里有资金最大占用额和最小占用额之分，因为库存材料数量是变动的，资金也要相应变动。现用最大资金占用额作为上限控制来计算储备资金占用额是节约还是超占，计算公式是：

$$Z = \left(1 - \frac{F}{E}\right) \times 100\%$$

式中　Z——为库存资金节约率；

　　　E——为核定库存资金定额；

　　　F——为检查期库存资金额。

例：某企业钢材库，核定库存资金定额为 92 万元，一季度末检查库存物资资金为 85 万元，求库存资金节约率。

$$Z = \left(1 - \frac{85}{92}\right) \times 100\% = 7.6\%$$

说明钢材库存资金节约 7.6%，如计算中产生负数，即为库存资金超占，库存资金节约率要与库存储备定额合理率、库存材料动态合理率结合起来分析，将库存资金置于控制之中。

综上所述，企业对每个仓库都应定期分析考核，避免采购失控，盲目储备，过多占用资金。

第七章 施工现场材料与工具管理

第一节 施工现场材料管理概述

一、现场材料管理的概念

施工现场是市政工程企业从事施工生产活动，最终形成建筑产品的场所，占建筑工程造价 60% 左右的材料费，都要通过施工现场投入消费。施工现场的材料与工具管理，属于生产领域里材料耗用过程的管理，与企业其他技术经济管理有密切的关系，是市政工程材料管理的关键环节。

现场材料管理，是在现场施工过程中，根据工程类型、场地环境、材料保管和消耗特点，采取科学的管理办法，从材料投入到成品产出全过程进行计划、组织、协调和控制，力求保证生产需要和材料的合理使用，最大限度地降低材料消耗。

现场材料管理的好坏，是衡量建筑企业经营管理水平和实现文明施工的重要标志，也是保证工程进度和工程质量，提高劳动效率，降低工程成本的重要环节。对企业的社会声誉和投标承揽任务都有极大影响。加强现场材料管理，是提高材料管理水平、克服施工现场混乱和浪费现象、提高经济效益的重要途径之一。

二、现场材料管理的原则和任务

（一）全面规划

在开工前作出现场材料管理规划，参与施工组织设计的编制，规划材料存放场地、道路，做好材料预算，制定现场材料管理目标。全面规划是使现场材料管理全过程有序进行的前提和保证。

（二）计划进场

按施工进度计划，组织材料分期分批有秩序地入场。一方面保证施工生产需要，另一方面要防止形成大批剩余材料。计划进场是现场材料管理的重要环节和基础。

（三）严格验收

按照各种材料的品种、规格、质量、数量要求，严格对进场材料进行检查，办理收料。验收是保证进场材料品种、规格对路、质量完好、数量准确的第一道关口，是保证工程质量，降低成本的重要保证。

（四）合理存放

按照现场平面布置要求，做到合理存放，在方便施工、保证道路畅通、安全可靠的原则下，尽量减少二次搬运。合理存放是妥善保管的前提，是生产顺利进行的保证，是降低成本的有效措施。

（五）妥善保管

按照各项材料的自然属性，依据物资保管技术要求和现场客观条件，采取各种有效措施进行维护、保养，保证各项材料不降低使用价值。妥善保管是物尽其用，实现成本降低的保证条件。

（六）控制领发

按照操作者所承担的任务，依据定额及有关资料进行严格的数量控制。控制领发是控制工程消耗的重要关口，是实现节约的重要手段。

（七）监督使用

按照施工规范要求和用料要求，对已转移到操作者手中的材料，在使用过程中进行检查，督促班组合理使用，节约材料。监督使用是实现节约，防止超耗的主要手段。

（八）准确核算

用实物量形式，通过对消耗活动进行记录、计算、控制、分析、考核和比较，反映消耗水平。准确核算既是对本期管理结果的反映，又为下期提供改进的依据。

三、现场材料管理的阶段划分及各阶段的工作要点

（一）施工前的准备工作

1. 了解工程协议的有关规定、工程概况、供料方式、施工地点及运输条件、施工方法及施工进度、主要材料和机具的用量，临时建筑及用料情况等。全面掌握整个工程的用料情况及大致供料时间。

2. 根据生产部门编制的材料预算和施工进度，及时编制材料供应计划。组织人员落实材料名称、规格、数量、质量与进场日期。掌握主要构件的需用量和加工件所需图纸、技术要求等情况。组织和委托门窗、铁件、混凝土构件的加工、材料的申请等工作。

3. 深入调查当地地方材料的货源、价格、运输工具及运载能力等情况。

4. 积极参加施工组织设计中关于材料堆放位置的设计。按照施工组织设计平面图和施工进度需要，分批组织材料进场和堆放，堆料位置应以施工组织设计中材料平面布置图为依据。

5. 根据防火、防水、防雨、防潮管理的要求，搭设必要的临时仓库。需防潮和其他特殊要求的材料，要按照有关规定，妥善保管。确定材料堆储方案时，应注意以下问题：

（1）材料堆场要以使用地点为中心，在可能的条件下，越靠近使用地点越好，避免发生二次搬运。

（2）材料堆场及仓库，道路的选择不能影响施工用地，以避免料场、仓库中途搬家。

（3）材料堆场的容量，能够存放供应间隔期内的最大需用量。

（4）材料堆场的场地要平整，设排水沟，不积水；构件堆放场地要夯实。

（5）现场临时仓库要符合防火、防雨、防潮和保管的要求，雨季施工要有排水措施。

（6）现场运输道路要坚实，循环畅通，有回转余地。

（7）现场的石灰池，要避开施工道路和材料堆场，最好设在现场的边沿。

（二）施工过程中的组织与管理

施工过程中现场材料管理工作的主要内容是：

1. 建立健全现场管理的责任制。划区分片，包干负责，定期组织检查和考核。

2. 加强现场平面布置管理。根据不同的施工阶段，材料消耗的变化，合理调整堆料位置，减少二次搬运，方便施工。

3. 掌握施工进度，搞好平衡。及时掌握用料信息，正确地组织材料进场，保证施工的需要。

4. 所用材料和构件，要严格按照平面布置图堆放整齐。要成行、成线、成堆，经常保持堆料场地清洁整齐。

5. 认真执行材料、构件的验收、发放、退料和回收制度。建立健全原始记录和各种材料统计台账，按月组织材料盘点，抓好业务核算。

6. 认真执行限额领料制度，监督和控制班组节约使用材料，加强检查，定期考核，努力降低材料的消耗。

7. 抓好节约措施的落实。

（三）工程竣工收尾和施工现场转移的管理

工程完成总工作量的 70% 以后，即进入收尾阶段，新的施工任务即将开始，必须做好施工转移的准备工作。搞好工程收尾，有利于施工力量迅速向新的工程转移。一般应该注意以下几个问题：

1. 当一个工程的主要工序工程接近收尾时，一般情况下，材料已耗用了 70% 以上。要检查现场存料，估计未完工程用料，在平衡的基础上，调整原用料计划，控制进料，以防发生剩料积压，为工完场清创造条件。

2. 对不再使用的临时设施可以提前拆除，并充分考虑旧料的重复利用，节约建设费用。

3. 对施工现场的建筑垃圾，如筛漏、碎砖等，要及时轧细过筛复用，确实不能利用的废料，要随时进行处理。

4. 对于设计变更造成的多余材料，以及不再使用的架木、周转材料等要随时组织退库，以利于竣工拔点，及时向新工地转移。

5. 做好材料收发存的结算工作，办清材料核销手续，进行材料决算和材料预算的对比。考核单位工程材料消耗的节约和浪费，并分析其原因，找出经验和教训，以改进新工地的材料供应与管理工作。

四、现场材料管理与企业其他技术经济管理的关系

施工管理与现场材料工具管理、财务管理、质量安全管理和劳动工资管理、机械管理等，是企业经营管理的重要组成部分，它们相互依存，不可分割。各管理部门必须互相支持，密切配合与协作，才能完成企业的施工生产任务，取得良好的经济效益。

（一）现场材料管理与施工管理的关系

现场材料管理主要是为施工生产服务。它的各种管理活动，都是在施工管理的指导下进行的。

现场材料管理活动制约着施工生产，工程任务的完成，必须依靠现场材料管理的业务支持和物质保证。

施工组织设计是企业指导施工活动的纲领性文件，各专业管理部门都必须按照它的要求，贯彻执行。工程所需的各种材料、工具，都要根据它的安排，组织供应。为使施工组织设计编制得更加切合实际，现场材料管理人员应提供有关数据，参与编制活动。为保证施工的顺利进行，施工管理部门应按现场平面布置图搞好三通一平，修建材料仓库、平整料场和各种临时设施，确定材料堆放场地，作好材料进场准备，向材料管理部门提供月旬施工作业计划和需用料具动态，如发生设计变更，或由于各种原

因，改变施工进度，要及时向材料部门提供信息，以便采取措施。

施工图预算是组织材料供应的依据，施工预算是加强现场材料管理的基础，应早日编送材料管理部门，以便及时核实工程材料需用量，编报材料进场和采购计划，组织材料配套供应和定额供料。施工技术部门还应搞好"两算对比"，以便进一步考核班组耗料情况和企业技术经济管理水平。近来许多工程项目未能及时编制施工图预算，而施工预算往往也没有编制，这对现场材料的供应与管理，是十分不利的。

（二）现场材料管理与财务成本管理的关系

材料费用在建筑工程费用中占最大的比重，组成工程成本的直接费、间接费和利润都与现场材料管理有密切关系。工程成本核算是否正确，很大程度上取决于现场材料管理水平和所提供的原始纪录。因此，现场材料管理应该搞好材料的定额供应和班组用料的管理，给财务部门提供正确的材料收发记录和"三差"经济签证资料以及有关材料调价系数等数据。而财务管理部门也应为现场材料供应和管理组织资金，并在资金运用上提供支援。材料与财务两个管理部门的密切配合协作，不但对完成工程任务，而且对降低工程成本，提高经济效益都会起到重要的作用。

（三）现场材料管理与质量安全管理的关系

百年大计，质量第一。材料质量是保证工程质量和施工安全的重要因素。材料管理部门在采购、订货过程中，必须认真贯彻建筑设计对材料质量的要求，加强质量检测，搞好安全运输。材料、工具进入现场，必须把好验收关，对不符合设计标准的料具，坚决不用；并做好堆放、保管工作，严防变质损坏。质量安全管理部门应为材料管理部门提供有关材料、工具的质量技术资料，对材料质量的检测和试验，要给予支持和帮助。只有双方密切配合，加强协作，才能保证工程质量和施工安全。

（四）现场材料管理与劳动工资管理的关系

管好用好现场材料和工具，关键在于从事生产的技术人员和班组工人。劳资部门应该加强劳动力的组织管理和思想教育工作，培养职工树立节约观念，发挥他们的主人翁责任感，做到合理使用材料，降低材料消耗。在劳动力调配进出场时，要配合材料管理部门办好材料的领退手续，对损失料具的，赔偿后才能调离。现场材料人员必须面向生产、面向班组，为生产服务，按时供应工程用料，提供优质高效的先进工具，方便施工生产，促进劳动效率的提高。

（五）现场材料管理与机械管理的关系

机械设备属于劳动手段，是生产力三要素的重要组成部分。管好机械设备的目的，在于提高其利用率，节约机械费用。机械维修保养所需的材料、配件、工具、润滑剂、燃油料等，均需依靠材料部门按定额供应，以保证机械设备的正常运转，提高机械化施工水平，加快工程进度。材料部门的日常供应管理工作，则要依靠企业机械设备管理部门提供充分的运输设备、装卸机械，以完成供应管理任务，为施工生产服务。

第二节　现场材料管理的内容

一、现场材料的验收和保管

（一）收料前的准备

现场材料人员接到材料进场的预报后，要做好以下五项准备工作：

1. 检查现场施工便道有无障碍及平整通畅，车辆进出、转弯、调头是否方便，还应适当考虑回车道，以保证材料能顺利进场。

2. 按照施工组织设计的场地平面布置图的要求，选择好堆料场地，要求平整、没有积水。

3. 必须进现场临时仓库的材料，按照"轻物上架，重物近门，取用方便"的原则，准备好库位，防潮、防霉材料要事先铺好垫板，易燃易爆材料，一定要准备好危险品仓库。

4. 夜间进料，要准备好照明设备，在道路两侧及堆料场地，都有足够的亮度，以保证安全生产。

5. 准备好装卸设备、计量设备、遮盖设备等。

（二）材料验收的步骤

现场材料的验收主要是检验材料品种、规格、数量和质量。验收步骤如下：

1. 查看送料单，是否有误送。

2. 核对实物的品种、规格、数量和质量，是否和凭证一致。

3. 检查原始凭证是否齐全正确。

4. 做好原始记录，逐项详细填写收料日记，其中验收情况登记栏，必须将验收过程中发生的问题填写清楚。

（三）几项主要材料的验收保管方法

1. 水泥

（1）质量验收。大水泥厂生产的水泥，以出厂质量保证书为凭，进场时验查单据上水泥品种、强度等级与水泥袋上印的标志是否一致，不一致的应分开码放，待进一步查清；检查水泥出厂日期是否超过规定时间，超过的要另行处理；遇有两个单位同时到货的，应详细验收，分别码放，防止品种不同而混杂使用。

小水泥厂生产的水泥，由于受生产条件的限制，性能不稳定，这类水泥即使出厂有质量合格证明，为了严格质量管理，还需要按规定取样送检，经试验安定性合格后方可使用。

（2）数量验收。包装水泥在车上或卸入仓库后点袋计数，同时对包装水泥实行抽检，以防每袋重量不足。破袋的要灌袋计数并过秤，防止重量不足而影响混凝土和砂浆强度，产生质量事故。

罐车运送的散装水泥，可按出厂秤码单计量净重，但要注意卸车时要卸净，检查的方法是看罐车上的压力表是否为零及拆下的泵管是否有水泥。压力表为零、管口无水泥即表明卸净，对怀疑重量不足的车辆，可采取单独存放，进行检查。

（3）合理码放。水泥应入库保管。仓库地坪要高出室外地面 20~30cm，四周墙面要有防潮措施，码垛时一般码放 10 袋，最高不得超过 15 袋。不同品种、强度等级和日期的，要分开码放，挂牌标明。

特殊情况下，水泥需在露天临时存放时，必须有足够的遮垫措施。做到防水、防雨、防潮。

散装水泥要有固定的容器，既能用自卸汽车进料，又能人工出料。

（4）保管。水泥的储存时间不能太长，出厂后超过 3 个月的水泥，要及时抽样检查，经化验后按重新确定的强度使用。如有硬化的水泥，经处理后降级使用。

水泥应避免与石灰、石膏以及其他易于飞扬的粒状材料同存，以防混杂，影响质量。包装如有损坏，应及时更换以免散失。

水泥库房要经常保持清洁，落地灰及时清理、收集、灌装，并应另行收存使用。根据使用情况安排好进料和发料的衔接，严格遵守先进先发的原则，防止发生长时间不动的死角。

2. 木材

（1）质量验收。木材的质量验收包括材种验收和等级验收。木材的品种很多，首先要辨认材种及规格是否符合要求。对照木材质量标准，查验其腐朽、弯曲、钝棱、裂纹以及斜纹等缺陷是否与标准规定的等级相符。

（2）数量验收。木材的数量以材积表示，要按规定的方法进行检尺，按材积表查定材积，也可按计算式算得。

（3）保管。木材应按材种规格等级不同码放，要便于抽取和保持通风，板材、方材的垛顶部要遮盖，以防日晒雨淋。经过烘干处理的木材，应放进仓库。

木材表面由于水分蒸发，常常容易干裂，应避免日光直接照射。采用狭而簿的衬条或用隐头堆积，或在端头设置遮阳板等。木材存料场地要高、通风要好，应随时清除腐木、杂草和污物，必要时用 5% 的漂白粉溶液喷洒。

3. 钢材

（1）质量验收。钢材质量验收分外观质量验收和内在化学成分、力学性能的验收。外观质量验收中，由现场材料验收人员，通过眼看、手摸，或使用简单工具，如钢刷、木棍等，检查钢材表面是否有缺陷。钢材的化学成分、力学性能均应经有关部门复试，与国家标准对照后，判定其是否合格。

（2）数量验收。钢材数量可通过称重、点件、检尺换算等几种方式验收。验收中应注意的是：称重验收可能产生磅差：其差量在国家标准容许范围内的，即签认送货单数量；若差量超过国家标准容许范围，则应找有关部门解决。检尺换算所得重量与称重所得重量会产生误差，特别是国产钢材的误差量可能较大，供需双方应统一验收方法。当现场数量检测确实有困难时，可到供料单位监磅发料，保证进场材料数量准确。

（3）保管。施工现场存放材料的场地狭小，保管设施较差。钢材中优质钢材，小规格钢材，如镀锌板、镀锌管、薄壁电线管等，最好入库入棚保管，若条件不允许，只能露天存放时，应做好苫垫。

钢材在保管中必须分清品种、规格、材质，不能混淆。保持场地干燥，地面不积水，清除污物。

4. 砂、石料

（1）质量验收。现场砂石料一般先目测：

砂：颗粒坚硬洁净，一般要求中粗砂，除特殊需用外，一般不用细砂。

黏土、泥灰、粉末等不超过 3% ~5%。

石：颗粒级配应理想，粒形以近似立方块的为好。针片状颗粒不得超过 25%，在强度等级大于 C30 的混凝土中，不得超过 15%。注意鉴别有无风化石、石灰石混入。含泥量一般混凝土不得超过 2%，大于 C30 的混凝土中，不得超过 1%。

砂石含泥量的外观检查，如砂子颜色灰黑，手感发黏，抓一把能粘成团，手放开后，砂团散开，发现有粘连小块，用手指捻开小块，指上留有明显泥污的，表示含泥量过高。石子的含沙量，用手握石子摩擦后无尘土粘于手上，表示合格。

（2）数量验收。砂石的数量验收按运输工具不同、条件不同而采取不同方法。

量方验收：进料后先做方，即把材料作成梯形堆放在平整的地上。

过磅计量：发料单位经过地秤，每车随附秤码单送到现场时，应收下每车的秤码单、记录车号，在最后一车送到后，核对收到车数的秤码单和送货凭证是否相符。

其他：水运码头接货无地秤，堆方又无场地时，可在车船上抽查。一种方法是利用船上载重水位线表示的吨位计量；另一种方法是在运输车上快速将砂在车上拉平，量其装载高度，按照车型固定的长宽度计算体积，然后换算成重量。

（3）合理堆放。一般应集中堆放在混凝土搅拌机和砂浆机旁，不宜过远。堆放要成方成堆，避免成片。平时要经常清理，并督促班组清底使用。

5. 砖

（1）质量验收。抗压、抗折、抗冻等数据，一般以质保书为凭证。现场主要从以下几方面做外观砖的颜色：未烧透或烧过火的砖，即色淡和色黑的红砖不能使用。外型规格：按砖的等级要求进行验收。

（2）数量验收。定量码垛点数：在指定的地点定量码垛（一般 200 块为一垛）点数方便，按托板计数：用托板装运的砖，按不同砖每托板规定的装砖数，集中整齐码放，清点数量为每托板数量乘托板数。

车上点数，一般适用于车上码放整齐，现场急待使用，需要边卸边用的情况。

（3）合理保管。按现场平面布置图，码放于垂直运输设备附近便于起吊。不同品种规格的砖，应分开码放，基础墙、底层墙的砖可沿墙周围码放。使用中要注意清底，用一垛清一垛，断砖要充分利用。

6. 成品、半成品的验收和保管

成品、半成品主要指工程使用的混凝土制品，水泥管、道牙、大小方砖以及成型的钢筋等。这些成品、半成品占材料费用很大，也是构成工程实体的重要材料。因此，搞好成品、半成品的现场验收和保管，对加速施工进度，保证工程质量，降低工程费用，都起着重要作用。

（1）混凝土构件。混凝土构件一般在工厂生产，再运到现场安装。由于混凝土构件有笨重、量大和规格型号多的特点，验收时一定要对照加工计划，分层分段配套码放，码放在吊车的悬臂回转半径范围以内。要认真核对品种、规格、型号，检验外观质量，及时登记台账，掌握配套情况。构件存放场地要平整，垫木规格一致且位置上下对齐，保持平整和受力均匀。混凝土构件一般按工程进度进场，防止过早进场，阻塞施工场地。

（2）成型钢筋。是指由工厂加工成型后运到现场绑扎的钢筋。一般会同生产班组按照加工计划验收规格和数量，并交班组管理使用。钢筋的存放场地要平整，没有积水，分规格码放整齐，用垫木垫起，防止水浸锈蚀。

7. 现场包装品的管理

现场材料的包装容器，一般都有利用价值，如纸袋、麻袋、布袋、木箱、铁桶等。现场必须建立回收制度，保证包装品的成套、完整，提高回收率和完好率。对开拆包装的方法要有明确的规章制度，如铁桶不开大口、盖子不离箱、线封的袋子要拆线、粘口的袋子要用刀割等。要健全领用和回收的原始记录，对回收率、完好率进行考核，用量大、易损坏的包装品例如水泥纸袋等可实行包装品的回收奖励制度。

二、现场材料发放和耗用管理方法

（一）现场材料发放

1. 发料依据。现场发料的依据是下达给施工班组、专业施工队的班组作业计划（任务书），根据任务书上签发的工程项目和工程量所计算的材料用量，办理材料的领发手续。由于施工班组、专业施工队伍各工种所担负的施工部位和项目有所不同，因此除任务书以外，还须根据不同的情况办理一些其他领发料依据。

第一是工程用料的发放，包括大堆材料、主要材料及成品、半成品等，凡属于工程用料的必须以限额领料单作为发料依据。但在实际生产过程中，因各种原因变化很多，如设计变更、施工不当等造成工程量增加或减少，使用的材料也发生变更，造成限额领料单不能及时下达。此时应由工长填制项目经理审批的工程暂借单，并在3日内补齐限额领料单，交到材料部门作为正式发料凭证，否则停止发料。

第二，对于调出给项目外的其他部门或施工项目的，凭施工项目材料主管人签字上级主管部门签发、项目材料主管人员批准的调拨单。

第三，对于行政及公共事务用料，包装大堆材料、主要材料及剩余材料等，主要凭项目材料主管人员根据施工队批准的用料计划到材料部门领料，并且办理材料调拨手续。

2. 材料发放程序。首先将施工预算或定额员签发的限额领料单下达到班组。工长对班组交待生产任务的同时，做好用料交底。

其次，班组料具员持限额领料单向材料员领料。材料员经核实工程量、材料品种、规格、数量等无误后，交给领料员和仓库保管员。

第三，班组凭限额领料单领用材料，仓库依次发放材料。发料时应以限额领料单为依据，限量发放，可直接记载在限额领料单上，也可开领料小票，双方签字认证。若一次开出的领料量较大需多次发放时，应在发放记录上逐日记载实领数量，由领料人签认。

第四，当领用数量达到或超过限额数量时，应立即向主管工长和材料部门主管人员说明情况。分析原因，采取措施。若限额领料单不能及时下达，应由工长填制并由项目经理审批的工程暂借用料单，办理因超耗及其他原因造成多用材料的领发手续。

3. 材料发放方法。在现场材料管理中，各种材料的发放程序基本上是相同的，而发放方法却因不同品种、规格而有所不同。

大堆材料：主要包括砖、瓦、灰、砂、石等材料，一般都是露天存放、多工程使用。根据有关规定，大堆材料的进出场及现场发放都要进行计量检测。这样既保证施工的质量，也保证了材料进出场及发放数量的准确性。大堆材料的发放除按限额领料单中确定的数量发放外，要做到在指定的料场清底使用。对混凝土、砂浆所使用的砂、石，按水泥的实际用量比例进行计量控制发放。也可以按混凝土、砂浆不同强度等级的配合比，分盘计算发料的实际数量，并做好分盘记录和办理领发料手续。

主要材料：包括水泥、钢材、木材等。一般是库发材料或是在指定露天料场和大棚内保管存放，有专职人员办理领发手续。主要材料的发放要凭限额领料单（任务书）、有关的技术资料和使用方案发放。

例如水泥的发放，除应根据限额领料单签发的工程量、材料的规格、型号及定额数量外，还要凭混凝土、砂浆的配合比进行发放。另外，要看工程量的大小，需要分期分批发放的，做好领发记录。

成品及半成品：主要包括混凝土构件、钢木门窗、铁件及成型钢筋等材料。一般都是在指定的场地和大棚内存放，有专职人员管理和发放。发放时依据限额领料单及工程进度，并办理领发手续。

4. 材料发放中应注意的问题。针对现场材料管理的薄弱环节，应做好以下几方面工作：

（1）必须提高材料人员的业务素质和管理水平，熟悉工程概况、施工进度计划、材料性能及工艺要求等，便于配合施工生产；

（2）根据施工生产需要，按照国家计量法规定，配备足够的计量器具，严格执行材料进场及发放的计量检测制度；

（3）在材料发放过程中，认真执行定额用料制度，核实工程量、材料的品种、规格及定额用量，以免影响施工生产；

（4）严格执行材料管理制度，大堆材料清底使用，水泥早进早发，装修材料按计划配套发放，以免造成浪费；

（5）对价值较高及易损、易坏、易丢的材料，发放时领发双方须当面点清，签字认证，并做好发放记录；

（6）实际承包责任制，防止丢失损坏，避免重复领发料的现象发生。

（二）材料的耗用

现场材料的耗用，简称为耗料，是指在材料消耗过程中，对构成工程实体的材料消耗所进行的核算活动。

1. 材料耗用依据。现场耗料的依据是根据施工班组、专业施工队所持的限额领料单（任务书）到材料部门领料时所办理的领料手续的凭证。常见有两种：一是领料单（小票）；二是材料调拨单。

领料单的使用范围：施工班组、专业施工队领料时，领发料双方办理领发（出库）手续，填制领料单，按领料单上的项目逐项填写，注明单位工程、施工班组、材料名称、规格、数量及领用日期，双方签字认证。

材料调拨单的使用范围有两种：一是项目之间材料调拨，属于内调，是各工地的材料部门为本工程用料所办理的调拨手续。在调拨过程中，填制调拨单，注明调出工地、调入工地、材料名称、规格、调发数量、实发数量及调拨日期，并且有双方主管人的签字，双方经办人签字认证。这样可以保证各自工程成本的真实性。另一是外单位调拨及购买材料使用的调拨，在办理调拨手续过程中要有上级主管部门和项目主管领导的批示，方可进行调拨。填制调拨单时注明调出单位、调入单位、材料名称、规格、调发数量、实发数以及实际价格、计划价格和单价、金额、调拨日期等，经主管人签字后，双方经办人签字认证。

以上两种凭证是耗料的原始依据，必须如实填写，准确清楚，不弄虚作假，不得任意涂改，保证耗料的准确性。

2. 材料耗用的程序。现场耗料过程，是材料核算的重要组成部分。根据材料的分类以及材料的使用去向，采取以下的耗料程序：

（1）工程耗料。包括大堆材料、主要材料及成品、半成品等的耗料程序，根据领料凭证（任务书）所发出的材料经核算后，对照领料单进行核实，并按实际工程进度计算材料的实际耗料数量。由于设计变更、工序搭接造成材料超耗的，也要如实记入耗料台账，便于工程结算。

（2）暂设耗料。包括大堆材料、主要材料及可利用的剩余材料。根据施工组织设计要求，所搭设的设施视同工程用料，要做单独项目进行耗料。按项目经理（工长）提出的用料凭证（任务书）进行核算后，与领料单核实，计算出材料的耗料数量。如有超耗也要计算在材料成本之内，并且记入耗料台账。

（3）行政公共设施耗料。根据施工队主管领导或材料主管批准的用料计划进行发料，使用的材料一律以外调材料形式进行耗料，单独记入台账。

（4）调拨材料。是材料在不同部门之间的调动，标志着所属权的转移。不管内调与外调都应记入台账。

（5）班组耗料。根据各施工班组和专业施工队的领发料手续（小票），考核各班组、专业施工队是否按工程项目、工程量、材料规格、品种及定额数量进行耗料，并且记入班组耗料台账，作为当月的材料移动报告，如实地反映出材料的收、发、存情况，为工程材料的核算提供可靠依据。

在施工过程中，施工班组由于某种原因或特殊情况，发生多领料或剩余材料，都要及时如实办理退料手续和补办手续，及时冲减账面，调整库存量，保证账物相符，正确地反映出工程耗料的真实情况。

3. 材料耗用方法。根据现场耗用材料的特点，使材料得到充分利用，保证施工生产，应根据材料的种类、型号分别采用不同的耗料方法。

大堆材料，一般露天存放，不便于随时计数，耗料一般采取两种方法：一是实行定额耗料，按实际完成工作量计算出材料用量，并结合盘点，计算出月度耗料数量；二是根据混凝土、砂浆配合比和水泥耗用量，计算其他材料用量，并按项目逐日记入材料发放记录，到月底累计结算，作为月度耗料数量。有条件的现场，可采取进场划拨方法，结合盘点进行耗料。

主要材料，一般都是库发材料，根据工程进度计算实际耗料数量。

例如：水泥的耗料，根据月度实际进度部位，以实际配合比为依据计算水泥需用量，然后根据实际使用数量开具的领料小票或按实际使用量逐日记载的水泥发放记录累计结算，作为水泥的耗料数量。

成品及半成品，一般都是库发材料或是在指定的露天料场或大棚内进行管理发放。可采用按工程进度、部位进行耗料，也可按配料单或加工单进行计算，求得与当月进度相适应的数量，作为当月的耗料数量。

例如：铁件及成型钢筋一般会同施工班组按照加工计划进行验收，然后交班组保管使用或是按照加工翻样的加工单，分层、分段以及分部位进行耗料。

4. 材料耗用中应注意的问题，现场耗料是保证施工生产、降低材料消耗的重要环节，切实做好现场耗料工作，是搞好项目管理的根本保证。为此应做好以下工作：

（1）要加强材料管理制度，建立健全各种台账，严格执行限额领料和料具管理规定。

（2）分清耗料对象，按照耗料对象分别记入成本。对于分不清的，例如群体工程同时使用材料，可根据实际总用量，按定额和工程进度进行分解。

（3）严格保管原始凭证，不得任意涂改耗料凭证，以保证耗料数据和材料成本的真实可靠。

（4）建立相应的考核制度，对材料耗用要逐项登记，避免乱摊、乱耗，保证耗料的准确性。

（5）加强材料使用过程中的管理，认真进行材料核算，按规定办理领发料手续。

三、加强材料消耗管理，降低材料消耗

材料消耗过程的管理，就是对材料在施工生产消耗过程中进行组织、指挥、监督、调节和核算，消除不合理的消耗，达到物尽其用，降低材料成本，增加企业经济效益的目的。在建安工程中，材料费用占工程造价比重很大，建筑企业的利润，大部分来自材料采购成本的节约和降低材料消耗，特别是降低现场材料消耗。

目前，施工现场材料管理仍很薄弱，浪费惊人，主要表现在：

1. 对材料工作的认识上，普遍存在着"重供应轻管理"观念。只管完成任务而单纯抓进度、质量、产值，不重视材料的合理使用和经济实效，耗超按实报，现场材料管理人员配备力量较弱，使现场材料管理停留在一个粗放式管理水平上。

2. 在施工现场管理与材料业务管理上，普遍存在着现场材料堆放混乱、管理不严，余料不能充分利用；材料计量设备不齐、不准，造成用料上的不合理；材料质量不稳定，如：砌体外形尺寸不标准，误差大，影响砌墙平整度，要依赖抹灰去填平，大量超耗抹灰砂浆；材料紧缺，无法按材料原有功能使用，如：将高强度等级水泥用作仅需低强度等级水泥的砌墙砂浆或抹灰砂浆，优材劣用；要配制高等级的混凝土时，因无高强度等级水泥供应，只能用低强度等级水泥替代，这时必须大量增加水泥用量，才能满足强度要求，但造成水泥的浪费；钢材规格供应不配

套，导致以大代小，以优代普；施工抢进度，不按规范施工，片面增加材料用量，放松现场管理，浪费材料；技术操作水平差，施工管理不善，工程质量差，造成返工，浪费材料；设计多变，采购进场的原有材料不合用，形成积压变质浪费；盲目采购，由于责任心不强或业务不熟悉，采购了质次或不适用的物资。或图方便，大批购进，造成积压浪费。

3. 基层材料人员队伍建设上，普遍存在着队伍不稳定，文化水平偏低，懂生产技术和管理的人员偏少的状况，造成现场材料管理水平较低。

为改善现场材料管理水平，强化现场材料管理的科学性，达到节约材料的目的，主要应从以下两方面着手：

（一）加强施工管理，采取技术措施节约材料

1. 节约水泥的措施

（1）优化混凝土配合比。混凝土是以水泥为胶凝材料，同水和粗细骨料按适当比例配制，拌成的混合物，经一定时间硬化成为人造石。砂、石起骨架作用，称为骨料。水泥与水形成水泥浆，水泥浆包裹在骨料表面并填充其空隙。在硬化前，水泥浆起润滑作用，赋予混合物一定的流动性，以便施工。水泥浆硬化后，则将骨料胶结成一个坚实的整体。

组成混凝土的所有材料中，水泥的价格最贵。水泥的品种、强度等级很多，经济合理地使用水泥，对于保证工程质量和降低成本是非常重要的。

①选择合理的水泥强度等级。用高强度水泥配制低强度混凝土，用较少的水泥用量就可达到混凝土所要求的强度，但不能满足施工所需的和易性及耐久性，还需增加水泥用量，就会造成浪费。所以当必须用高强度水泥配制低强度混凝土时，可掺一定数量的混合材，如磨细粉煤灰，以保证必要的施工和易性，并减少水泥用量。反之，如果要用低强度水泥配制高强度混凝土，则因水泥用量太多，会对混凝土技术特性产生一系列不良影响。

②级配相同的情况下，选用骨料粒径最大的可用石料。因为

同等体积的骨料，粒径小的表面积比粒径大的要大，需用较多的水泥砂浆才能裹住骨料表面积，势必增加水泥用量。所以，在施工中，要视钢筋混凝土的钢筋间距大小，能选用 5～70mm 石子的，就不要用 5～40mm 的石子。能用 5～40mm 的石子的，不要用 5～15mm 的石子。能用细石混凝土的不要用砂浆。而且粒径大的石子比粒径小的石子价格低。骨料选用得好，既可节约水泥又可提高工程经济效益。

③掌握好合理的砂率（砂重/砂、石的总量）。砂率合理既能使混凝土混合物获得所要求的流动性及良好的黏聚性与保水性，又能使水泥用量减为最少。

④控制水灰比：水与水泥之比称为水灰比。水灰比确定后要严格控制，水灰比过大会造成混凝土黏聚性和保水性不良、产生流浆或离析现象，并严重影响混凝土的强度。

（2）合理掺用外加剂。混凝土外加剂可以改善混凝土和易性，并能提高其强度和耐久性，从而节约水泥。

（3）充分利用水泥活性及其富余系数。各地未列入统配范围的小水泥厂生产的水泥，由于生产单位设备条件，技术水平所限，加上检测手段差，使水泥质量不稳定，水泥的富余系数波动很大。大水泥厂生产的水泥，一般富余强度也较大，所以企业要加快测试工作，及时掌握其活性就能充分利用各种水泥的富余系数，一般可节约水泥 10% 左右。当然，充分利用水泥活性是要担点风险的，但如果在充分积累数据及掌握科学技术资料以后，在实际使用时还是有潜力可挖的。

（4）掺加粉煤灰。粉煤灰是发电厂燃烧粉状煤灰后的灰碴，经冲水、排出的是湿原状粉煤灰。湿原状粉煤灰经烘干磨细，可成为与水泥细度相同的磨细粉煤灰。

在混凝土中加磨细粉煤灰 10.3%，可节约水泥 6%。

在砌筑砂浆中掺原状粉煤灰 17%，可节约水泥 11%，并可同时节约石灰膏及砂 17%，利用粉煤灰节约水泥，是一项长期的经济、合理、有效的措施。

为了贯彻各项节约水泥措施，在大量浇捣混凝土工程的施工过程中，由专人管理配合比、计量、外掺料以及大石块等工作，这对保证水泥节约措施的落实，及保证混凝土质量是极为有利的。

2. 木材的节约措施。木材是一种自然资源：我国森林覆盖率只有12%，木材资源缺乏，开采方法较为落后，目前国内提供的木材远远不能满足建设的需要，每年都要花大量外汇进口木材。近几年木材价格不断上涨，节约木材尤为重要。

节约木材的措施：

（1）以钢代木。用组合式定型钢模板，大模板盒子模代木模，用工槽钢代木支撑等。这些模板都是用钢材制作的，使用方便，周转次数可达几十次，如用钢模代替木模，每立方米钢筋混凝土可节约木材80%左右，是节约木材的重要措施；此外以钢管脚手架代替杉槁脚手架也是节约木材的重要措施。

（2）改进支模办法。采用无底模、砖胎模、升板、活络脱模等支模办法可节约模板用量或加快模板周转。

（3）优材不劣用。有些企业用优质木材代替劣等木材使用，极不经济。

（4）长料不短用。木材长料锯成短料很容易，短料要接长使用却很困难。要特别注意科学、合理地使用木料。除深入进行宣传教育外，要制订必需的限制措施和奖惩办法。

（5）以旧料代新料。俗话说"木材没新旧"，要量材使用。在施工过程中，往往为图方便省事，用长料锯成，甚为可惜。另外施工工地木模拆下后的旧短料很多，应予合理使用，做到物尽其用。

（6）综合利用。量材套锯，提高出材率。

3. 钢材的节约措施

（1）集中断料，合理加工。在一个建筑企业范围内，所有钢构件、铁件加工，应该集中到一个专设单位进行。这样做，一是有利于钢材配套使用；二是便于集中断料，通过科学排料，使边角料得到充分利用，使损耗量达到最小程度。

（2）钢筋加工成型时，应注意合理的焊接或绑扎钢筋的搭接长度。线材经过冷拔可以利用延伸率，减少钢材用量。使用预应力钢筋混凝土，亦可节约钢材。

（3）充分利用短料、旧料。对施工企业来说，需加工的品种、规格繁多，加工时，可以大量利用短料、边角料、旧料。如加工成型钢筋的短头料，可以制作预埋铁件的脚头。制作钢管脚手锯下的短管，可以作钢模斜撑、夹箍等。

（4）尽可能不以大代小，以优代劣。可用沸腾钢的不用镇静钢、不随意以大代小，实在不得已要代用时，也应经过换算断面积，如钢筋大代小时可以减少根数，型钢可以选择断面积最接近的规格，使代用后造成的损失尽量减少。

4. 砌体材料的节约

（1）充分利用断砖。在施工过程中，会产生数量不等的断砖。充分利用断砖，减少操作损耗率，节约砌体材料。

（2）减少管理损耗。砌体的管理损耗定额规定很少，目前有些施工单位采用倾卸方式，就此一项就远远超过了规定的损耗数值。因此，要提高装卸质量，提倡文明装卸，以减少耗损。

（3）堆放合理，减少场内二次搬运。使用中要督促不留底，随使随清，也可以减少管理损耗。

5. 砂、石料的节约

（1）集中搅拌混凝土、砂浆。根据施工企业的不同条件，因地制宜地设立搅拌站，供应预拌混凝土，对施工班组实行定量供应。这样可以保证混凝土和砂浆质量，有利于加强核算，并可减少分散堆放材料的堆基，从而减少损耗。

（2）利用拆除旧路面材料代替路基材料。随着城镇建设的发展，旧房拆迁增多，拆房的三合土可以在道路路基施工中，代替石块、石子。对于三合土废弃物重新利用，企业只要支付运费，成本低廉。

（3）利用原状粉煤灰、石屑等代替砂。火力发电厂燃煤排放近万吨湿粉煤灰，一般称为原状粉煤灰，原状粉煤灰掺入 C20

以下混凝土中可以节约部分水泥和砂，如用原525号宁国水泥捣制C15混凝土时，掺入15%的原状粉煤灰每1m³混凝土可以节约水泥33kg、黄砂16kg。而混凝土的28d抗压强度与不掺的基本相近，它的60d抗压强度比不掺的还要高一些。原状粉煤灰按砂浆量的35%掺入1m³砌筑砂浆，可以节约砂25%，砂浆强度比不掺的还要高。原状粉煤灰掺入抹灰基层，可以节约砂25%。可见，原状粉煤灰掺入砌筑砂浆和抹灰砂浆，节约砂子的效果是很好的。不过原状粉煤灰应选取湿排粉煤灰的中粗灰区部分为好。原状粉煤灰资源极为丰富，应该积极利用。此外，原状粉煤灰还可用于道路、地坪的砂垫层。

石屑是轧制碎石时的副产品，石屑价格较砂价低，可代替砂掺入砌筑砂浆和抹灰基层的砂浆中，均可节约砂。若石屑用于河滨加固等的砂垫层，并严格按分层浇水夯实，达到设计的重量，则石屑可全部代砂。

（4）用SH粉（双灰粉）代砂。用磨细生石灰粉30%，磨细粉煤灰68%，另加2%的石膏粉，混合均匀，配制成SH粉，用密封塑料袋包装，运往工地可用于砌筑砂浆和抹灰基层砂浆。这样做，既能大量利用粉煤灰，又可以不用石灰膏，省却了工地石灰的化制过程或石灰膏（集中化制）的繁重运量，并且有利于场容管理。

（二）提高企业管理水平，加强材料管理，降低材料消耗。

1. 加强基础管理，是降低材料消耗的基本条件。"两算对比"即施工预算和施工图预算的对比，是控制材料消耗的基础资料。通过两算对比可以做到先算后干，对材料消耗心中有数；可以编制切合实际的施工方案和采取技术措施。因此必须做好材料分析工作，为准确提出材料需用创造条件，为提高供应水平打好基础。

2. 合理供料，一次就位，减少二次搬运和堆基损失。材料要供好、管好、用好，才能降低消耗，提高经济效益。决不能认为材料供到现场就算了事，而是要做到哪里用料，就送到哪里，一次到位。

有些企业能够做到以小时计算供货时间，以班组生产使用点为卸料地点。这样就无需二次搬运，减少了二次搬运费和劳动力消耗，省掉了二次堆积的损耗，材料到场就用，提高了材料的周转速度，又可降低材料资金的占用。

3. 开展文明施工，做到施工操作落手清。施工现场脏、乱、差，必然严重浪费建筑材料。所谓"走进工地，脚踏钱币"就是对施工现场浪费材料的形象批评。做好文明施工，工人和班组操作落手清，材料堆放合理、成条成垛，散落砂浆、混凝土、断砖等随做、随清、随用，材料损耗就可以达到最小限度，材料单耗就可降低。这样，既节约了材料，提高了企业经济效益，还有利于现场面貌的改观。

4. 回收利用、修旧利废。施工过程中可回收利用的料具较多，不仅落地砂浆、散落混凝土等在操作中应及时予以收集利用；绑扎脚手架的铁丝，可以回收整理拉直再次使用，一般可以周转三次；修旧利废的项目更多，如钢模板的零配件、水暖电料、劳动防护用品、工具等均可大力开展修旧利废工作；钢脚手扣件，最易脱落 T 形螺栓，配装一只就可继续使用，否则整只就要报废；高压镉灯的镇流器、电容常易损坏，配上零件即可修复使用；现场水电临时设施料既要回收利用，又应开展修旧利废。总之，只要我们注意发扬"主人翁"的精神，贯彻勤俭节约的方针，配备好人员，制订合理的回收利用制度和奖惩办法，可以促进这项工作持久、深入地开展下去。

5. 加速料具周转，节约材料资金。加速料具的周转，缩短周转天数，就相当于增加了材料和资金。所以加快材料的周转是极为重要的材料管理工作，也是材料管理人员的重要职责。

加速材料周转的途径：

（1）计划准确、及时，材料储备不能超越储备定额，注意缩短周转天数。材料进场适时，要按施工进度配套进场，同时做到保质保量，工完料尽。

（2）周转材料必须按工程进度及时安装、及时拆除并迅速转移。当混凝土达到拆模强度时，模板就应予以拆除，这样拆模既方便，又可加快模板周转使用。

（3）减少料具流通过程中的中间环节，简化手续和层次，选择合理的运输方式。

6. 定期进行经济活动分析，揭露浪费堵塞漏洞。

一个施工企业或基层单位，要定期组织有关人员开展经济技术活动分析，施工企业每季一次，项目部每月进行一次经济活动分析。通过分析，找出问题，揭露浪费事实，并采取相应措施，堵塞浪费漏洞，不断完善管理手段。

（三）实行材料节约奖励制度，提高节约材料的积极性

实行材料节约奖励制度，是材料消耗管理中运用经济方法管理经济的重要措施。材料节约奖属于单项奖，奖金在材料节约价值中支付，应在认真执行定包、计量准确、手续完备、资料齐全、节约有物的基础上，按照多节约多奖励的原则进行奖励。

实行材料节约奖励的办法，一般有两种基本形式。一种是规定节约奖励标准，按照节约额的比例提取节约奖金，奖励操作工人及有关人员；另一种是在节约奖励标准中还规定了超耗罚款标准，控制材料超耗。

企业实行材料节约奖，是一项繁杂而细致的工作，要积极慎重稳妥地进行。实行材料节约奖必须具备以下 5 个条件：

1. 有合理的材料消耗定额。材料消耗定额，是考核材料实际消耗水平的标准，没有材料消耗定额，材料节约奖就无法推行。实行材料节约奖的企业，必须具有切合实际的材料消耗定额，同时要注意定额的内容和用途，正确使用定额。

对没有定额的少量分项工程，可根据历年材料消耗统计资料，测定平均消耗水平作为试用定额执行，以后经过实践，逐步调整为施工定额。

2. 有严格的材料收发制度。材料收发制度是企业材料管理中的最基本的基础管理工作。没有收发料制度，就无法进行经济

核算、限额领料和材料节约奖励。所以，凡实行材料节约奖励的企业，必须有严格的收发料制度。收料时，要认真执行进场材料验收有关品种、数量、质量的各种规定。发料时，一定要实行限额领料制度。为了检验收发料过程中可能发生的差错，对现场材料，必须贯彻月末盘点制度，如有盈亏，一定要查明原因，并及时按规定办理调整手续。

3. 有完善的材料消耗考核制度。材料消耗的节超，要有完善的制度予以准确考核。决定材料消耗水平的因素有三个方面，即材料消耗量、完成工程量以及材料品种和质量，考核材料消耗必须从三方面着手。

（1）材料消耗总量，即完成本项工程所消耗的各种材料的绝对量。是现场材料部门凭限额领料单，发给生产班组的材料。总量包括工程用量，及由于质量原因造成的修补或返工用料。总量的结算，应在该工程全部结束、不在发生用料时进行，如果结算后又发生耗料，应合并结算，重新考核。

（2）完成工程量。在材料消耗量相同的情况下，完成工程量越多，材料单耗就越低，反之，完成工程量越小，单耗就越高。所以在结算材料消耗总量的同时，要准确考核完成工程量。限额领料单中的工程量，是由任务单签发者按工程任务预算的，一个大的分项工程很可能需几周时间才能完成，为了正确核算工程量，分项工程完成后，要进行复核。若是工程变更或设计修改而增减工程量的，应调整预算和限额领料数，若是签发任务单时与编制施工组织设计时的预算工程量有出入，要查清原因，肯定准确工程量。属于建设单位和设计单位变更设计，则要有书面根据，方可调整预算。在工程量结算时，还要注意剔除外加工部分。

（3）材料品种和质量。材料定额对所用材料的品种和质量，都有具体要求和明确规定，如发生以优代劣等情况，均应按规定调整定额用量。

4. 工程质量稳定。工程质量优良是最大的节约。实行材料节约奖，必须切实执行质量监督检查制度，符合质量要求才能发奖。

5. 制订材料节约奖励办法。实行材料节约奖，必须事先订立材料奖励办法，其内容包括实行奖励的范围、定额标准、提奖水平、结算和发奖办法、考核制度等，经批准后执行。

（四）实行现场材料承包责任制，提高经济效益

现场实行材料承包责任制，主要是材料消耗过程中的材料承包责任制。它是使责、权、利紧密结合，以提高经济效益，降低单位工程材料成本为目的的一种经济管理手段。

1. 实行材料承包制的条件

（1）材料要能计量、能考核、算得清账。

（2）以施工定额为核算依据。

（3）执行材料预算单价，预算单价缺项的，可制定综合单价。

（4）严格执行限额领料制度，料具管理的内部资料，要求做到齐全、配套、准确、标准化、档案化。

（5）执行材料承包的单位工程，质量必须达到优良品方能提取奖金。

（6）材料节约，按节约额提取奖金，可根据材料价值的高低、节约的难易程度分别确定。

2. 实行现场材料承包的形式

（1）单位工程材料承包。对工期短，便于单一考核的单位工程，从开工到竣工的全部工程用料，实行一次性包死。各种承包既要反映材料实物量，也要反映材料金额，实行双控指标。向项目负责人发包，考核对象是项目承包者。这种承包可以反映单位工程的整体效益，堵塞材料消耗过程的漏洞，避免材料串、换、代造成的差额。项目负责人从整体考虑，注意各工种、工序之间的衔接，使材料消耗得到控制。

（2）按工程部位承包。对工期长、参建人员多或操作单一、损耗量大的单位工程，按工程的基础、结构、装修、水电安装等

施工阶段，分部位实行承包。由主要工种的承包作业队承包，实行定额考核，包干使用，节约有奖，超耗有罚的制度。这种承包的特点是，专业性强、不易串料、奖罚兑现。

（3）特殊材料单项承包。对消耗量大、价格昂贵、资源紧缺、容易损耗的特殊材料实行实物量承包。这些材料一般用于建筑产品造价高，功能要求特殊，使用材料贵重，甚至从国外进口的材料。

承包对象为专业队组。这种承包可以在大面积施工，多工种参建的条件下，使某项专用材料消耗控制在定额之内，避免人多、手杂、乱抄、乱拿的现象，降低非工艺损耗，是特殊工程，特殊材料消耗过程的有效管理措施。

第三节　周转材料管理

一、周转材料的概念

周转材料是指能够多次应用于施工生产，有助于产品形成，但不构成产品实体的各种材料，是有助于建筑产品的形成而必不可少的劳动手段。如：浇捣混凝土所需的模板和配套件；施工中搭设的脚手架及其附件等。

从材料的价值周转方式（价值的转移方式和价值的补偿方式）来看，建筑材料的价值是一次性全部地转移到建筑物中去的。而周转材料却不同，它能在几个施工过程中多次地反复使用，并不改变其本身的实物形态，直至完全丧失其使用价值，损坏报废时为止。它的价值转移是根据其在施工过程中的损耗程度，逐渐地分别转移到产品中去，成为建筑产品价值的组成部分，并从建筑物的价值中逐渐地得到价值补偿。

当然，在一些特殊情况下，由于受施工条件限制，有些周转材料也是一次性消耗的，其价值也就一次性转移到工程成本中去，如大体积混凝土浇捣时所使用的钢支架等在浇捣完成后无法取出，钢板桩由于施工条件限制无法拔出，个别模板无法拆除等等。也有些因工程的特殊要求而加工制作的非规格化的特殊周转材料，只能使用一次。这些情况虽然核算要求与材料性质相同，实物也作销账处理，但必须做好残值回收，以减少损耗，降低工程成本。因此，搞好周转材料的管理，对施工企业来讲是一项至关重要的工作。

二、周转材料的分类

周转材料，是指反复使用，而又基本保持原有形态的材料。它不直接构成建筑物的实体，而是在多次反复的使用过程中逐步地磨损和消耗的材料。是构成建筑物使用价值的必要部分。

周转材料按其自然属性可分为钢制品和木制品两类；按使用对象可分为混凝土工程用周转材料、结构及装修工程用周转材料和安全防护用周转材料三类。

近年来，随着"钢代木"节约木材的发展趋势，传统的杉槁、架木、脚手板等"三大工具"已为高频焊管和钢制脚手板所替代；木模板也基本为钢模板所取代。

需要指出的是，"钢代木"并非简单的材质取代和功能模仿，而是在原有基础上的改进和提高。使周转材料工具化、系列化和标准化。

三、周转材料管理的任务

（一）根据生产需要，及时、配套地提供适量和适用的各种周转材料。

（二）根据不同周转材料的特点建立相应的管理制度和办法，加速周转，以较少的投入发挥尽可能大的效能。

（三）加强维修保养，延长使用寿命，提高使用的经济效果。

四、周转材料管理的内容

（一）使用

周转材料的使用是指为了保证施工生产正常进行或有助于产品的形成而对周转材料进行拼装、支搭以及拆除的作业过程。

（二）养护

指例行养护，包括除去灰垢、涂刷防锈剂或隔离剂，使周转材料处于随时可投入使用的状态。

（三）维修

修复损坏的周转材料：使之恢复或部分恢复原有功能。

（四）改制

对损坏且不可修复的周转材料，按照使用和配套的要求进行大改小、长改短的作业。

（五）核算

包括会计核算、统计核算和业务核算三种核算方式。会计核算主要反映周转材料投入和使用的经济效果及其摊销状况，它是资金（货币）的核算；统计核算主要反映数量规模、使用状况和使用趋势，它是数量的核算；业务核算是材料部门根据实际需要和业务特点而进行的核算，它既有资金的核算，也有数量的核算。

五、周转材料的管理方法

（一）租赁管理

1. 租赁的概念。租赁是指在一定期限内，产权的拥有方向使用方提供材料的使用权，但不改变所有权，双方各自承担一定的义务，履行契约的一种经济关系。

实行租赁制度必须将周转材料的产权集中于企业进行统一管理，这是实行租赁制度的前提条件。

2. 租赁管理的内容。首先应根据周转材料的市场价格变化及摊销额度要求测算租金标准，并使之与工程周转材料费用收入相适应。

3. 租赁管理方法

（1）租用。项目确定使用周转材料后，应根据使用方案制定需求计划，由专人向租赁部门签订租赁合同，并做好周转材料进入施工现场的各项准备工作，如存放及拼装场地等。租赁部门必须按合同保证配套供应并登记"周转材料租赁台账"。

（2）验收和赔偿。租赁部门应对退库周转材料进行外观质量验收。如有丢失损坏应由租用单位赔偿。验收及赔偿标准一般按以下原则掌握：对丢失或严重损坏（指不可修复的，如管体有死弯、板面严重扭曲）按原值的 50% 赔偿；一般性损坏（指可修复的，如板面打孔、开焊等）按原值 30% 赔偿；轻微损坏（指不需使用机械，仅用手工即可修复的）按原值的 10% 赔偿。

租用单位退租前必须清除混凝土灰垢，为验收创造条件。

（3）结算。租金的结算期限一般自提运的次日起至退租之日止，租金按日历天数逐日计取，按月结算。租用单位实际支付的租赁费用包括租金和赔偿费两项。

$$租赁费用（元）= \sum （租用数量 \times 相应日租金（元）$$
$$\times 租用天数 + 丢失损坏数量 \times 相应$$
$$原值 \times 相应赔偿率\%）$$

根据结算结果由租赁部门填制《租金及赔偿结算单》。

为简化核算工作也可不设"周转材料租赁台账"，而直接根据租赁合同进行结算。但要加强合同的管理，严防遗失，以免错算和漏算。

（二）周转材料的费用承包管理方法

周转材料的费用承包是适应项目管理的一种管理形式，或者说是项目管理对周转材料管理的要求。它是指以单位工程为基础，按照预定的期限和一定的方法测定一个适当的费用额度交由承包者使用，实行节奖超罚的管理。

1. 承包费用的确定

（1）承包费用的收入。承包费用的收入即是承包者所接受的承包额。承包额有两种确定方法，一种是扣额法，另一种是加额法。扣额法指按照单位工程周转材料的预算费用收入，扣除规定的成本降低额后的费用；加额法是指根据施工方案所确定的费用收入，结合额定周转次数和计划工期等因素所限定的实际使用费用，加上一定的系数额做为承包者的最终费用收入。所谓系数额是指一定历史时期的平均耗费系数与施工方案所确定的费用收入的乘积。公式如下：

扣额法费用收入（元）＝预算费用收入（元）
　　　　　　　　　×（1－成本降低率％）
加额法费用收入（元）＝施工方案确定的费用收入（元）
　　　　　　　　　×（1＋平均耗费系数）

（2）承包费用的支出。承包费用的支出是在承包期限内所支付的周转材料使用费（租金）、赔偿费、运输费、二次搬运费以及支出的其他费用之和。

2. 费用承包管理法的内容

（1）签订承包协议。承包协议是对承、发包双方的责、权、利进行约束的内部法律文件。一般包括工程概况、应完成的工程量、需用周转材料的品种、规格、数量及承包费用、承包期限、双方的责任与权力、不可预见问题的处理以及奖罚等内容。

（2）承包额的分析。首先要分解承包额。承包额确定之后，应进行大概的分解，以施工用量为基础将其还原为各个品种的承包费用，例如将费用分解为钢模板、焊管等品种所占的份额。

第二要分析承包额。在实际工作中，常常是不同品种的周转材料分别进行承包，或只承包某一品种的费用，这就需要对承包效果进行预测，并根据预测结果提出有针对性的管理措施。

（3）周转材料进场前的准备工作。根据承包方案和工程进度认真编制周转材料的需用计划，注意计划的配套性（品种、规格、数量及时间的配套），要留有余地，不留缺口。

根据配套数量同企业租赁部门签订租赁合同，积极组织材料进场并做好进场前的各项准备工作，包括选择、平整存放和拼装场地、开通道路等，对狭窄的现场应做好分批进场的时间安排，或事先另选存放场地。

3. 费用承包效果的考核

承包期满后要对承包效果进行严肃认真的考核、结算和奖罚。

承包的考核和结算指承包费用收、支对比，出现盈余为节约，反之为亏损。如实现节约应对参与承包的有关人员进行奖励。可以按节约额进行金额奖励，也可以扣留一定比例后再予奖励。奖励对象应包括承包班组、材料管理人员、技术人员和其他有关人员。按照各自的参与程度和贡献大小分配奖励份额。如出现亏损，则应按与奖励对等的原则对有关人员进行罚款。费用承包管理方法是目前普遍实行项目经理责任制中较为有效的方法，企业管理人员应不断探索有效管理措施，提高承包经济效果。

提高承包经济效果的基本途径有两条：

（1）在使用数量既定的条件下努力提高周转次数。

（2）在使用期限既定的条件下，努力减少占用量。同时应减少丢失和损坏数量，积极实行和推广组合钢模的整体转移，以减少停滞、加速周转。

（三）周转材料的实物量承包管理

实物量承包的主体是施工班组，也称班组定包。它是指项目班子或施工队根据使用方案按定额数量对班组配备周转材料，规定损耗率，由班组承包使用，实行节奖超罚的管理办法。

实物量承包是费用承包的深入和继续，是保证费用承包目标值的实现和避免费用承包出现断层的管理措施。

1. 定包数量的确定，以组合钢模为例，说明定包数量的确定方法。

（1）模板用量的确定。根据费用承包协议规定的混凝土工程量编制模板配模图，据此确定模板计划用量，加上一定的损耗量即为交由班组使用的承包数量。公式如下：

$$模板定包数量（m^2）= 计划用量（m^2）$$
$$\times（1 + 定额损耗率\%）$$

式中 定额损耗量一般不超过计划用量的 1% 。

（2）零配件用量的确定。

2. 定包效果的考核和核算。定包效果的考核主要是损耗率的考核。即用定额损耗量与实际损耗量相比，如有盈余为节约，反之为亏损。如实现节约则全额奖给定包班组，如出现亏损则由班组赔偿全部亏损金额，根据定包及考核结果，对定包班组兑现奖罚。

（四）周转材料租赁、费用承包和实物量承包三者之间的关系

周转材料的租赁、费用承包和实物量承包是三个不同层次的管理，是有机联系的统一整体。实行租赁办法是企业对工区或施工队所进行的费用控制和管理；实行费用承包是工区或施工队对单位工程或承包标段所进行的费用控制和管理；实行实物量承包是单位工程裹承包栋号对使用班组所进行的数量控制和管理，这样便形成了既有不同层次、不同对象的，又有费用的和数量的综合管理体系。降低企业周转的费用消耗，应该同时搞好三个层次的管理。

限于企业的管理水平和各方面的条件，做为管理初步，可于三者之间任选其一。如果实行费用承包则必须同时实行实物量承包，否则费用承包易出现断层，出现"以包代管"的状况。

六、几种周转材料管理

（一）组合钢模板的管理

1. 组合钢模板的组成。组合钢模板是考虑模板各种结构尺寸的使用频率和装拆效率，采用模数制设计的，能与《建筑统一模数制》和《厂房建筑统一化基本规则》的规定相适应，同时还考虑了长度和宽度的配合，能任意横竖拼装，这样既可以预先拼成大型模板，整体吊装，也可以按工程结构物的大小及其几何尺

寸就地拼装。其特点是：接缝严密，灵活性好，配备标准，通用性强，自重轻，搬运方便。组合钢模板在建筑业得到广泛的运用。

组合钢模板主要由钢模板和配套件二部分组成，其中钢模板视其不同使用部位，又分为平面模板、转角模板、梁腋模板、搭接模板等。

平面模板用于基础、墙体、梁柱和板等各种结构的平面部位。使用范围较广，占的比例最大，是模板中使用数量最多的基本模板。

转角模板，用于柱与墙体、梁与墙体、梁与楼板及墙体之间等的各个转角部位。依其同混凝土结构物接触的不同部位（内角与外角）及其发挥的不同作用又分阴角模板、阳角模板、联接角模三种类型。阴角模板适用于与平面模板组成结构物的直角处的内角部位，即用于墙与墙、墙与柱、墙与梁等之间的转弯凹角的部位。阳角模板适用于与平面模板组成结构物的直角处的外角部位，即用于柱的四角和墙，以及梁的侧边与底部之间的凸出部位。无论是阴角模板，还是阳角模板，都具有刚度好，不易变形的特点。连接角模（又称角条）能起到转角模板的连接作用，主要与平面模板连接，用于柱模的四角、墙角和梁的侧边与底部之间的外角部位。

组合钢模板的配套件又分为支承件（以下简称"围令支撑"）与连接件（以下简称"零配件"）两部分。

围令支撑主要用于钢模板纵横向及底部起支承拉结作用，用以增强钢模板的整体、刚度及调整其平直度，也可将钢模板拼装成大块板，以保证在吊运过程中不致产生变形。

按其作用不同又可将围令支撑分为二个系统。一是主要用40mm焊接管，能与扣件式钢管脚手架的材料通用，也有采用70mm×50mm×3mm和60mm×40mm×2.5mm的方钢管等。支撑主要起支承作用，应具有足够的强度和稳定性，以确保模板结构的安全可靠性。二是用40mm或50mm的焊接管制成，还有采用钢桁架的。钢桁架装拆方便，自重轻，便利操作，跨度可以灵活调节。在广泛推行钢模使用的过程中，各建筑企业因地制宜地创造了不少灵活、简便、利于装拆的钢模支承件。

钢模的零配件，目前使用的有以下几种：

（1）U 形卡（又称万能销或回形卡）。是用 12mm 圆钢采用冷冲法加工成形，用于钢模之间的连接，具有将相邻两块钢模锁住夹紧、保证不错位、接缝严密的作用，使一块块钢模纵横向自由连接成整体。

（2）L 形插销（又称穿销，穿钉）。用于模板端头横肋板插销孔内，起加固和平直作用，以增加横板纵向拼接刚度，保证接头处的板面子整，并可在拆除水平模板时，防止大块掉落。其制作简单，用途较多。

（3）钩头螺栓（弯钩螺栓）和紧固螺栓。用于钢模板与围令支撑的连接，其长度应与使用的围令支撑的尺寸相适应。

（4）对拉螺栓（模板拉杆）。用于墙板两侧的连接和内外两组模板的连接，以确保拼装的模板在承受混凝土内侧压力时，不至于引起鼓胀，保证其间距的准确和混凝土表面平整，其规格尺寸应根据设计要求与供应条件适当选用。

（5）扣件。是与其他配件一起将钢模板拼装成整体的连接件。用于钢模板与围令支撑之间起连接固定作用。铸钢扣件基本有三种形式：直角扣件（十字扣件），用于连接扣紧两根互相垂直相交的钢管。回转扣件（转向扣件）用于连接扣紧两根任意角度相交的钢管。对接扣件（一字扣件）用于钢管的对接使之接长。

2. 组合钢模板置备量的计算及其配套要求。编制钢模板需要量计划，根据企业计划期模板工程量和钢模板推广面指标计算。如没有资料，可根据下列参考资料按混凝土量框算模板面积。

其计算公式如下：

计划期钢模板工程量 = 计划期模板工程量（m^2）× 钢模板
的推广面（%）

依据计划期钢模板工程量及企业实际钢模拥有量，参照历年来钢模板的平均周转次数可决定钢模板的置备量。

钢模板置备量的计算由多种因素确定，要根据各企业的具体情况，参照上式计算，钢模板的置备量过高，购置费用就大，模板闲置积压的机会就多，不利于资金周转；置备量过小，又不能满足施工需要，因此必须全面统筹计算。

（二）木模板的管理

1. 木模板需用量的确定　建筑企业一般是根据混凝土工程量框算模板接触面积的（或称模板展开面积）。然后扣除使用钢模的部分，即为木模的需用面积，再依据木模的需用量计算得出计划期的木材申请数。

在计算一个单位工程计划用量时要考虑木模使用中的翻转，不必全部配齐，关于翻转的次数，是根据施工进度的需要来确定的。

2. 木模板的管理形式木模板的使用，在现阶段还占有一定比重。主要管理形式有：

（1）统一集中管理。设立模板配制车间，负责模板的"统一管理"、"统一配料"、"统一制作"、"统一回收"。工程使用模板时，事先向模板车间提出计划，由车间统一制作，发给工地使用。施工现场负责模板的安装和拆除，使用完后，由模板车间统一回收整理、计算工程的实际消耗量，正确核算模板摊销费用。

（2）模板专业队管理。是专业承包性质的管理。它负责统一制作、管理及回收，负责安装和拆除，实行节约有奖，超耗受罚的经济包干责任制。

（3）"四包"管理。由班组"包制作，包安装，包拆除，包回收"。形成制作、安装、拆除相结合的统一管理形式。各道工序互创条件，做到随拆随修，随修随用。

（三）脚手架的管理

为了加速周转，减少资金占用，脚手架料采取租赁管理办法，实效甚好。现场材料人员应加强使用过程中的脚手架料管理，严格清点进出场的数量及质量检查。交班组使用时，办清交接手续，设置专用台账进行管理，督促班组合理使用，随用随清，防止丢失损坏，严禁挪作他用。拆架要求时，禁止高空抛甩。拆架后要及时回收清点入库，进行维护保养。凡不需继续使用的，应及时办理退租手续，以加速周转使用。

钢管脚手架及扣件，多功能门式架，金属吊篮架，以及钢木、竹跳板等极易被偷，管理更为重要。

曾有一个工地被偷钢管 30t 左右，应特别引起重视。脚手架料由于用量大，周转搭设，拆除频繁，流动面宽，一般由公司或工程处设专业租赁站，实行统一管理，灵活调度，提高利用率。在施工现场搭拆过程仍需有一定的保管时间，应有适当的地点，进行集中清点、清理、检验、维修和保养，以保证质量。分规格堆放整齐，合理保管。扣件与配件要注意防止在搭架或拆架时散失。使用后均需清理涂油，配件要定量装箱，入库保管。进出场必须交接清楚，及时办理租赁或退租手续，防止丢失、被盗。凡质量不符合使用要求的脚手架料及扣件，必须经检验后报废，不准混堆。

第四节　工具的管理

一、工具的概念

工具是人们用以改变劳动对象的手段，是生产力要素中的重要组成部分。

工具具有多次使用，在劳动生产中能长时间发挥作用等特点。工具管理的实质，是使用过程中的管理，是在保证生产适用的基础上延长使用寿命的管理。工具管理是施工企业材料管理的组成部分，工具管理的好坏，直接影响施工能否顺利进行，影响着劳动生产率和成本的高低。工具管理的主要任务是：

1. 及时、齐备地向施工班组提供优良、适用的工具，积极推广和采用先进工具，保证施工生产，提高劳动效率。

2. 采取有效的管理办法，加速工具的周转，延长使用寿命，最大限度地发挥工具效能。

3. 加强工具的收、发、保管和维护、维修。

二、工具的分类

施工工具不仅品种多，而且用量大。建筑企业的工具消耗，一般约占工程造价的 2% 左右。因此，搞好工具管理，对提高企业经济效益也很重要。为了便于管理将工具按不同内容进行分类。

（一）按工具的价值和使用期限分类

1. 固定资产工具。是指使用年限 1 年以上，单价在规定限额（一般为 1000 元）以上的工具。如 50t 以上的千斤顶、测量用的水准仪等。

2. 低值易耗工具。是指使用期或价值低于固定资产标准的工具。如手电钻、灰槽、苫布、搬子、灰桶等。这类工具量大繁杂，约占企业生产工具总价值的 60% 以上。

3. 消耗性工具。是指价值较低（一般单价在 10 元以下），使用寿命很短，重复使用次数很少且无回收价值的工具。如铅笔、扫帚、油刷、锹把、锯片等。

（二）按使用范围分类

1. 专用工具。是指为某种特殊需要或完成特定作业项目所使用的工具。如量（卡）具、根据需要而自制或定购的非标准工具等。

2. 通用工具。是指使用广泛的定型产品，如各类扳手、钳子等。

（三）按使用方式和保管范围分类

1. 个人随手工具。指在施工生产中使用频繁，体积小便于携带而交由个人保管的工具，如瓦刀、抹子等。

2. 班组共用工具。指在一定作业范围内为一个或多个施工班组共同使用的工具。它包括两种情况：一是在班组内共同使用的工具，如胶轮车、水桶等；二是在班组之间或工种之间共同使用的工具，如水管、搅灰盘、磅秤等。前者一般固定给班组使用并由班组负责保管；后者按施工现场或单位工程配备，由现场材料人员保管；计量器具则由计量部门统管。

另外，按工具的性能分类，有电动工具、手动工具两类。按使用方向划分，有木工工具、瓦工工具、油漆工具等。按工具的所有权划分有自有工具、借入工具、租赁工具。工具分类的目的是满足某一方面管理的需要，便于分析工具动态管理，提高工具管理水平。

三、工具管理的内容

（一）储存管理

工具验收后入库，按品种、质量、规格、新旧残废程度分开存放。同样工具不得分存两处，成套工具不得拆开存放，不同工具不得叠压存放。制订工具的维护保养技术规程，如防锈、防刃口碰伤、防易燃物品自燃、防雨淋和日晒等。对损坏的工具及时修复，延长工具使用寿命，使之处于随时可投入使用的状态。

（二）发放管理

按工具费定额发出的工具，要根据品种、规格、数量、金额和发出日期登记入帐，以便考核班组执行工具费定额的情况。出租或临时借出的工具，要做好详细记录并办理有关租赁或借用手续，以便按期、按质、按量归还。坚持"交旧领新"、"交旧换新"和"修旧利废"等行之有效的制度，作好废旧工具的回收、修理工作。

（三）使用管理

根据不同工具的性能和特点制定相应的工具使用技术规程和规则。监督、指导班组按照工具的用途和性能进行合理使用。

四、工具的管理方法

（一）工具租赁管理方法

工具租赁是在一定的期限内，工具的所有者在不改变所有权的条件下，有偿地向使用者提供工具的使用权，双方各自承担一定的义务的一种经济关系。工具租赁的管理方法适合于除消耗性工具和实行工具费补贴的个人随手工具以外的所有工具品种。

企业对生产工具实行租赁的管理方法，需进行以下几步工作：

1. 建立正式的工具租赁机构。确定租赁工具的品种范围，制定有关规章制度，并设专人负责办理租赁业务。班组亦应指定专人办理租用、退租及赔偿事宜。

2. 测算租赁单价。

3. 工具出租者和使用者签订租赁协议（或合同）。

4. 根据租赁协议，租赁部门应将实际出租工具的有关事项登入"租金结算台账"。

5. 租赁期满后，租赁部门根据"租金结算台账"填写"租金及赔偿结算单"。如有发生工具的损坏、丢失，将丢失损坏工具的金额一并填入该单"赔偿栏"内。结算单中金额合计应等于租赁费和赔偿费之和。

6. 班组用于支付租金的费用来源是定包工具费收入和固定资产工具及大型低值工具的平均占用费。公式如下：

班组租赁费收入 = 定包工具费收入

　　　　　　　　+ 固定资产工具和大型低值工具平均占用费

式中　某种固定资产工具和大型低值工具平均占用费 = 该种工具

　　　分摊额 × 月利用率% 。

班组所付租金，从班组租赁费收入中核减，财务部门查收后，作为班组工具费支出，计入工程成本。

（二）工具的定包管理办法

工具定包管理是"生产工具定额管理、包干使用"的简称。

是施工企业对其自有班组或个人使用的生产工具，按定额数量配给，由使用者包干使用，实行节奖超罚的管理方法。

工具定包管理，一般在瓦工组、抹灰工组、木工组、油漆组、电焊工组、架子工组、水暖工组、电工组实行。实行定包管理的工具品种范围，可包括除固定资产工具及实行个人工具费补贴的随手工具以外的所有工具。

班组工具定包管理，是按各工种的工具消耗，对班组集体实行定包，实行班组工具定包管理，需进行以下几步工作：

1. 实行定包的工具，所有权属于企业。企业材料部门指定专人为工具定包员，专门负责工具定包的管理工作。

2. 测定各工种的工具费定额。定额的测定，由企业材料管理部门负责，分三步进行：

第一步：在向有关人员调查的基础上，查阅不少于两年的班组使用工具资料。确定各工种所需工具的品种、规格、数量，并以此作为各工种的标准定包工具。

第二步：分别确定各工种工具的使用年限和月摊销费。

第三步：分别测定各工种的日工具费定额。

3. 确定班组月度定包工具费收入。

4. 企业基层材料部门，根据工种班组标准定包工具的品种、规格、数量，向有关班组发放工具。班组可按标准定包数量足量领取，也可根据实际需要少领。自领用日起，按班组实领工具数量计算摊销，使用期满以旧换新后继续摊销。但使用期满后能延长使用时间的工具，应停止摊销收费。凡因班组责任造成的工具丢失和因非正常使用造成的损坏，由班组承担损失。

5. 实行工具定包的班组需设立兼职工具员，负责保管工具，督促组内成员爱护工具和记载保管手册。

零星工具可按定额规定使用期限，由班组交给个人保管，丢失赔偿。

班组因生产需要调动工作，小型工具自行搬运，不报销任何费用或增加工时，班组确属无法携带需要运输车辆时，由公司出车运送。

企业应参照有关工具修理价格，结合本单位各工种实际情况，制定工具修理取费标准及班组定包工具修理费收入，这笔收入可记入班组月度定包工具费收入，统一发放。

6. 班组定包工具费的支出与结算。此项工作分三步进行：

第一步，根据"班组工具定包及结算台账"，按月计算班组定包工具费支出。

第二步，按月或按季结算班组定包工具费收支额。

第三步，根据工具费结算结果，填制"定包工具结算单"。

7. 班组工具费结算若有盈余，为班组工具节约内容，盈余额可全部或按比例，作为工具节约奖归班组所有；若有亏损，则由班组负担。企业可将各工种班组实际的定包工具费收入，作为企业的工具费开支，记入工程成本。

企业每年年终应对工具定包管理效果进行总结分析，找出影响因素，提出有针对性的处理意见。

8. 其他工具的定包管理方法。可采取以下方法：

（1）按分部工程的工具使用费，实行定额管理，包干使用的管理方法。它是实行栋号工程全面承包或分部、分项承包中工具费按定额包干，节约有奖、超支受罚的工具管理办法。

承包者的工具费收入按工具费定额和实际完成的分部工程量计算；工具费支出按实际消耗的工具摊销额计算。其中各个分部工程工具使用费，可根据班组工具定包管理方法中的人均日工具费定额折算。

（2）按完成百元工作量应耗工具费实行定额管理，包干使用的管理方法。这种方法是先由企业分工种制定万元工作量的工具费定额，再由工人按定额包干，并实行节奖超罚。

工具领发时采取计价"购买"或用"代金成本票"支付的方式，以实际完成产值与万元工具定额计算节约和超支。工具费万元定额要根据企业的具体条件而定。

（三）对外包队使用工具的管理方法

1. 凡外包队使用企业工具者，均不得无偿使用，一律执行购买和租赁的办法。外包队领用工具时，须由企业劳资部门提供有关详细资料，包括：外包队所在地区出具的证明、人数、负责人、工种、合同期限、工程结算方式及其他情况。

2. 对外包队一律按进场时申报的工种颁发工具费。施工期内变换工种的，必须在新工种连续操作25d以上，方能申请按新工种发放工具费。

外包队工具费发放的数量，可参照班组工具定包管理中某工种班组月度定包工具费收入的方法确定。两者的区别是，外包队的人均日工具费定额，需按照工具的市场价格确定。

外包队的工具费随企业应付工程款一起发放。

3. 外包队使用企业工具的支出。采取预扣工程款的方法，并将此项内容列入工程承包合同。

预扣工程款的数量，根据所使用工具的品种、数量、单价和使用时间进行预计。

4. 外包队向施工企业租用工具的具体程序。

（1）外包队进场后由所在施工队工长填写"工具租用单"，经材料员审核后，一式三份（外包队、材料部门、财务部门各一份）。

（2）财务部门根据"工具租用单"签发"预扣工程款凭证"，一式三份（外包队、财务部门、劳资部门各一份）。

（3）劳资部门根据"预扣工程款凭证"按月分期扣款。

（4）工程结束后，外包队需按时归还所租用的工具，持材料员签发的实际工具租赁费凭证，与劳资部门结算。

5. 外包队领用的小型易耗工具，领用时1次计价收费。

6. 外包队在使用工具期内，所发生的工具修理费，按现行标准付修理费，从预扣工程款中扣除。

7. 外包队丢失和损坏所租用的工具，一律按工具的现行市场价格赔偿，并从工程款中扣除。

8. 外包队退场时，料具手续不清，劳资部门不准结算工资，财务部门不得付款。

（四）个人随手工具津贴费管理方法

1. 实行个人工具津贴费制的范围。目前，施工企业对瓦工、木工、抹灰工等专业工种的本企业工人所使用的个人随手工具，实行个人工具津贴费制的管理方法，这种方法使工人有权自选顺手工具，有利于加强维护保养，延长工具使用寿命。

2. 确定工具津贴费标准的方法。根据一定时期的施工方法和工艺要求，确定随手工具的范围和数量，然后测算分析这部分工具的历史消耗水平，在这个基础上，制定分工种的作业工日个人工具津贴费标准。再根据每月实际作业工日，发给个人工具津贴费。

3. 凡实行个人工具津贴费的工具，单位不再发给，施工中需用的这类工具，由个人负责购买、维修和保管。丢失、损坏由个人负责。

4. 学徒工在学徒期不享受工具津贴，由企业一次性发给需用的生产工具。学徒期满后，将原领工具按质折价卖给个人，再享受工具津贴。

第八章 材 料 核 算

第一节 概 述

一、材料核算的概念

材料核算是企业经济核算的重要组成部分。所谓材料核算就是以货币或实物数量的形式，对建筑企业材料管理工作中的采购、供应、储备、消耗等项业务活动进行记录、计算、比较和分析，从而提高材料供应管理水平的活动。

材料供应核算是建筑企业经济核算工作的主要组成部分，材料费用一般占建筑工程造价60%左右，材料的采购供应和使用管理是否经济合理，对企业的各项经济技术指标的完成，特别是经济效益的提高有着重大的影响。因此建筑企业在考核施工生产和经营管理活动时，必须抓住工程材料成本核算、材料供应核算这两个重要的工作环节。进行材料核算，应做好以下基础工作：

首先要建立和健全材料核算的管理体制，使材料核算的原则贯穿于材料供应和使用的全过程，做到干什么、算什么，人人讲求经济效果，积极参加材料核算和分析活动。这就需要组织上的保证，把所有业务人员组织起来，形成内部经济核算网，为实行指标分管和开展专业核算奠定组织基础。

其次要建立健全核算管理制度。明确各部门、各类人员以及基层班组的经济责任，制定材料申请、计划、采购、保管、收发、使用的办法、规定和核算程序。把各项经济责任落实到部门、专业人员和班组，保证实现材料管理的各项要求。

第三，要有扎实的经营管理基础工作。主要包括材料消耗定额、原始记录、计量检测报告、清产核资和材料价格等。材料消耗定额是计划、考核、衡量材料供应与使用是否取得经济效果的标准；

原始记录是反映经营过程的主要凭据；计量检测是反映供应、使用情况和记账、算账、分清经济责任的主要手段；清产核资是摸清家底，弄清财、物分布占用，进行核算的前提；材料价格是进行考核和评定经营成果的统一计价标准。没有良好的基础工作，就很难开展经济核算。

二、材料核算的基本方法

（一）工程成本的核算方法

工程成本核算。是指对企业已完工程的成本水平，执行成本计划的情况进行比较，是一种既全面而又概略的分析。工程成本按其在成本管理中的作用有三种表现形式：

1. 预算成本。预算成本是根据构成工程成本的各个要素，按编制施工图预算的方法确定的工程成本，是考核企业成本水平的主要标尺，也是结算工程价款、计算工程收入的重要依据。

2. 计划成本。企业为了加强成本管理，在施工生产过程中有效的控制生产耗费，所确定的工程成本目标值。计划成本应根据施工图预算，结合单位工程的施工组织设计和技术组织措施计划，管理费用计划确定。它是结合企业实际情况确定的工程成本控制额，是企业降低消耗的奋斗目标，是控制和检查成本计划执行情况的依据。

3. 实际成本。即企业完成建筑安装工程实际应计入工程成本的各项费用之和。它是企业生产耗费在工程上的综合反映，是影响企业经济效益高低的重要因素。

工程成本核算，首先是将工程的实际成本同预算成本比较，检查工程成本是节约还是超支。其次是将工程实际成本同计划成本比较，检查企业执行成本计划的情况，考察实际成本是否控制在计划成本之内。无论是预算成本和计划成本，都要从工程成本总额和成本项目两个方面进行考核。

在考核成本变动时，要借助成本降低额（预算成本降低额和计划成本降低额）和成本降低率（预算成本降低率、计划成本降低率）两个指标。前者用以反映成本节超的绝对额，后者反映成本节超的幅度。

在对工程成本水平和执行成本计划考核的基础上，应对企业所属施工单位的工程成本水平进行考核，查明其成本变动对企业工程成本总额变动的影响程度；同时，应对工程的成本结构、成本水平的动态变化进行分析，考察工程成本结构和水平变动的趋势。此外，还要分析成本计划和施工生产计划的执行情况，考察两者的进度是否同步增长。通过工程成本核算，对企业的工程成本水平和执行成本计划的情况作出初步评价，为深入进行成本分析，查明成本升降原因指明方向。

（二）工程成本材料费的核算

工程材料费的核算反映在两个方面：一是建筑安装工程定额规定的材料定额消耗量与施工生产过程中材料实际消耗量之间的"量差"；二是材料投标价格与实际采购供应材料价格之间的"价差"。工程材料成本盈亏主要核算这两个方面。

1. 材料的量差。材料部门应按照定额供料，分单位工程记账，分析节约与超支，促进材料的合理使用，降低材料消耗。做到对工程用料，临时设施用料，非生产性其他用料，区别对象划清成本项目。对属于费用性开支非生产性用料，要按规定掌握，不能记入工程成本。对供应两个以上工程同时使用的大宗材料，可按定额及完成的工程量进行比例分配，分别记入单位工程成本。

为了抓住重点，简化基层实物量的核算，根据各类工程用料特点，结合班组核算情况，可选定占工程材料费用比重较大的主要材料，如土建工程中的钢材、木材、水泥、砖瓦、砂、石、石灰等按品种核算，施工队建立分工号的实物台账，一般材料则按类核算，掌握队、组用料节超情况，从而找出定额与实耗的量差，为企业进行经济活动分析提供资料。

2. 材料的价差。材料价差的发生，要区别供料方式。供料方式不同，其处理方法也不同。由建设单位供料，按承包商的投标价格向施工单位结算，价格差异则发生在建设单位，由建设单位负责核算。施工单位实行包料，按施工图预算包干的，价格差异发生在施工单位，由施工单位材料部门进行核算。所发生的材料价格差异按合同的规定记入成本。

三、材料成本分析

（一）材料成本分析的概念

成本分析就是利用成本数据按期间与目标成本进行比较。找出成本升降的原因，总结经营管理的经验，制定切实可行的措施，加以改进，不断地提高企业经营管理水平和经济效益。

成本分析可以在经济活动的事先、事中或事后进行。在经济活动开展之前，通过成本预测分析，可以选择达到最佳经济效益的成本水平，确定目标成本，为编制成本计划提供可靠依据。在经济活动过程中，通过成本控制与分析，可以发现实际支出脱离目标成本的原因，以便及时采取措施，保证预定目标的实现。在经济活动完成之后，通过实际成本分析，评价成本计划的执行效果，考核企业经营业绩，总结经验，指导未来。

（二）成本分析方法

成本分析方法很多，如技术经济分析法、比重分析法、因素分析法、成本分析会议等。材料成本分析通常采用的具体方法有：

1. 指标对比法。这是一种以数字资料为依据进行对比的方法。通过指标对比，确定存在的差异，然后分析形成差异的原因。

对比法主要可以有以下几种：

（1）将实际指标与目标指标对比。

（2）本期实际指标与上期实际指标对比。

（3）与本行业平均水平、先进水平对比。

2. 因素分析法

因素分析法又称连环置换法。这种方法可用来分析各种因素对成本的影响程度。因素分析法的计算步骤如下：

（1）确定分析对象，并计算出实际数与目标数的差异；

（2）确定该指标是由哪几个因素组成的，并按其相互关系进行排序（排序规则是：先实物量，后价值量；先绝对值，后相对值。）；

（3）以目标数为基础，将各因素的目标数相乘，作为分析替代的基数；

（4）将各个因素的实际数按照上面的排列顺序进行替换计算，并将替换后的实际数保留下来；

（5）将每次替换计算所得的结果，与前一次的计算结果相比较，两者的差异即为该因素对成本的影响程度；

（6）各个因素的影响程度之和，应与分析对象的总差异相等。

【例】商品混凝土目标成本为443040元，实际成本为473697元，比目标成本增加30657元，资料如表8-1所示。

商品混凝土目标成本与实际成本对比表　　　　表8-1

单　位	项　目	目　标	实　际	差　额
m³	产　量	600	630	+30
元	单　价	710	730	+20
%	损耗率	4	3	−1
元	成　本	443040	473697	+30657

分析成本增加的原因：

（1）分析对象是商品混凝土的成本，实际成本与目标成本的差额为30657元。该指标是由产量、单价、损耗率三个因素组成的，其排序见表8-1。

（2）以目标数443040元（＝600×710×1.04）为分析替代的基础

第一次替代产量因素，以630替代600

$$630 \times 710 \times 1.04 = 465192 \ 元$$

第二次替代单价因素，以730替代710，并保留上次替代后的值

$$630 \times 730 \times 1.04 = 478296 \ 元$$

第三次替代损耗率因素，以1.03替代1.04，并保留上两次替代后的值

$$630 \times 730 \times 1.03 = 473697 \ 元$$

（3）计算差额：

第一次替代与目标数的差额＝465192－443040＝22152元

第二次替代与第一次替代的差额＝478296－465192＝13104元

第三次替代与第二次替代的差额＝473697－478296＝－4599元

（4）产量增加使成本增加了22152元，单价提高使成本增加了13104元，而损耗率下降使成本减少了4599元。

（5）各因素的影响程度之和＝22152＋13104－4599＝30657元，与实际成本与目标成本的总差额相等。

3. 比率法

比率法是指用两个以上指标的比例进行分析的方法。它的基本特点是：先把对比分析的数值变成相对数，再观察其相互之间的关系。常用的比率法有以下几种。

（1）相关比率法。求出比率，并以此来考察经营成果的好坏。

（2）构成比率法。又称比重分析法或结构对比分析法。通过构成比率，可以考察成本总量的构成情况及各成本项目占成本总量的比重，同时也可看出量、本、利的比例关系，从而为寻求降低成本的途径指明方向。

（3）动态比率法。就是将同类指标不同时期的数值进行对比，求出比率，以分析该项指标的发展方向和发展速度。动态比率的计算，通常采用基期指数和环比指数两种方法。

第二节　材料核算的内容和方法

一、材料采购的核算

材料采购核算，是以材料采购预算成本为基础，与实际采购成本相比较，核算其成本降低或超耗程度。

（一）材料采购实际成本（价格）

材料采购实际成本是材料在采购和保管过程中所发生的各项费用的总和。它由材料原价、供销部门手续费、包装费、运杂费、采购保管五方面因素构成。组成实际价格的五个内容，任何一方面的变动，都会直接影响到材料实际成本的高低。在材料采购及保管过程中应力求节约，降低材料采购成本是材料采购管理的重要环节。

市场供应的材料，由于货源来自各地，产品成本不一样，运输距离不等，质量情况参差不齐，为此在材料采购或加工订货时，要注意材料实际成本的核算，采购材料时应作各种比较，即：同样的材料比质量；同样的质量比价格；同样的价格比运距；最后核算材料成本。尤其是地方大宗材料的价格组成，运费占主要成分，尽量做到就地取材，减少运输及管理费用。

材料价格通常按实际成本计算，具体方法有"先进先出法"或"加权平均法"两种。

1. 先进先出法。是指同一种材料每批进货的实际成本如各不相同时，按各批不同的数量及价格分别记入账册。在发生领用时，以先购入的材料数量及价格先计价核算工程成本，按先后程序依此类推。

2. 加权平均法。是指同一种材料在发生不同实际成本时，按加权平均法求得平均单价，当下一批进货时，又以余额（数量及价格）与新购入的数量、价格作新的加权平均计算，得出平均价格。

（二）材料预算价格

材料预算价格包括从材料来源地起，到到达施工现场的工地仓库或材料堆放场地为止的全部价格，由下列五项费用组成：材料原价；供销部门手续费；包装费；运杂费；采购及保管费。

计算公式如下：

材料预算价格 =（材料原价 + 供销部门手续费 + 包装费

+ 运杂费）×（1 + 采购及保管费率

− 包装品回收值）

1. 材料原价的确定原则和计算。

（1）单渠道货源的材料，按供应单位的出厂价或批发价确定；

（2）多渠道货源的材料，按各供应单位的出厂价或批发价，采用加权平均法计算确定。

2. 供销部门手续费的计算。凡通过物资供销部门供应的材料，都要按规定的费率，计算供销部门手续费。如果供销部门已将此项手续费包括在材料原价内时，就不再重复计算此项费用。

3. 材料包装费的计算。包装费是为了便于材料的运输或为保护材料而进行包装所需要的费用，包括水运、陆运及运输中的支撑、棚布等。如由生产厂负责包装，其费用已计入材料原价内的，则不再另行计算，但应扣回包装的回收价值。

包装器材的回收价值，按地区主管部门规定计算，如无规定，可参照下列比率结合地区实际情况确定：

（1）木制品包装者，回收值 70%，回收值按包装材料原价 20%。

（2）用薄钢板、铁丝制品包装的回收量，铁桶为 95%；薄钢板 50%；铁丝 20%。回收值按包装本材料原价的 50% 计算。

（3）用纸皮、纤维品包装的，回收率量为 50%，回收值按包装材料原价的 50% 计算。

（4）用草绳、草袋制品包装的，不计算回收值。

包装材料回收价值计算公式：

包装品回收价值＝包装品（材料）原价×回收量（％）

×回收值（％）

4. 材料运杂费用的计算和确定。材料的运杂费应按所选定的材料来源地，运输工具、运输方式、运输里程以及厂家交通运输部门规定的运价费用率标准进行计算。

材料运杂费包括以下内容：

① 产地到车站、码头的短途运输费；

② 火车、船舶的长途运输；

③ 调车及驳船费；

④ 多次装卸费；

⑤ 有关部门附加费；

⑥ 合理的运输损耗。

编制材料预算价格时，材料来源地的确定，应贯彻就地、就近取材的原则。根据物资合理分配条件，及历年物资分配情况确定。材料的运输费用也根据各地区制订的运价标准，采用加权平均法计算。确定工程用大宗材料如：钢材、木材、水泥、砖、瓦、灰、砂、石等一般应按整车计算运费，适当考虑一部分零担和汽车长途运输。整车与零担比例，要结合资源分布、运输条件和供应情况研究确定。

5. 采购及保管费的计算。材料采购及保管费，指各级材料部门（包括工地仓库）在组织采购、供应和保管材料过程中所需的各项费用。材料采购及保管费计算公式如下：

采购及保管费＝（材料原价＋供销部门手续费＋运输费）

×采购及保管费率

国家经委规定：综合采购保管费率为 2.5％。

（三）材料采购成本的考核

材料采购成本可以从实物量和价值量两方面进行考核。单项品种的材料在考核材料采购成本时，可以从实物量形态考核其数量上的差异。企业实际进行采购成本考核，往往是分类或按品种综合考核价值上的"节"与"超"。通常有如下两项考核指标。

1. 材料采购成本降低（超耗）额

材料采购成本降低（超耗）额 = 材料采购预算成本 - 材料采购实际成本

式中材料采购预算成本是按预算价格事先计算的计划成本支出；材料采购实际成本是按实际价格事后计算的实际成本支出。

2. 材料采购成本降低（超耗）率

$$材料采购成本降低（超耗）额\% = \frac{材料采购成本降低（超耗）额}{材料采购预算成本} \times 100\%$$

二、材料供应的核算

材料供应计算是组织材料供应的依据。它是根据施工生产进度计划、材料消耗定额等编制的。施工生产进度计划确定了一定时期内应完成的工程量，而材料供应量是根据工程量乘以材料消耗定额，并考虑库存、合理储备、综合利用等因素，经平衡后确定的。按质、按量、按时配套供应各种材料，是保证施工生产正常进行的基本条件之一。检查考核材料供应计划的执行情况，主要是检查材料的收入执行情况，它反映了材料对生产的保证程度。

检查材料收入的执行情况，就是将一定时期（旬、月、季、年）内的材料实际收入量与计划收入量作对比，以反映计划完成情况。一般情况下，从以下两个方面进行考核。

（一）检查材料收入量是否充足

这是考核各种材料在某一时期内的收入总量是否完成了计划，检查在收入数量上是否满足了施工生产的需要。其计算公式为：

$$材料供应计划完成率 = \frac{实际收入量}{计划收入量} \times 100\%$$

检查材料收入量是保证生产完成所必须的数量，是保证施工生产顺利进行的一项重要条件。如收入量不充分，如上表中黄砂的收入量仅完成计划收入量的 85%，这就造成一定程度上的材料供应数量不足，影响施工正常进行。

（二）检查材料供应的及时性

在检查考核材料收入总量计划的执行情况时，还会遇到收入总量的计划完成情况较好，但实际上施工现场却发生停工待料的现象，这是因为在供应工作中还存在收入时间是否及时的问题。也就是说，即使收入总量充分，但供应时间不及时，也同样会影响施工生产的正常进行。

分析考核材料供应及时性问题时，需要把时间、数量、平均每天需用量和期初库存等资料联系起来考查。

$$供货及时性率 = \frac{实际供货对生产建设具有保证的天数}{实际工作天数} \times 100\%$$

三、材料储备的核算

为了防止材料积压或储备不足，保证生产需要，加速资金周转，企业必须经常检查材料储备定额的执行情况，分析材料库存情况。

检查材料储备定额的执行情况，是将实际储备材料数量（金额）与储备定额数量（金额）相对比，当实际储备数量超过最高储备定额时，说明材料有超储积压；当实际储备数量低于最低储备定额时，说明企业材料储备不足，需要动用保险储备。

（一）储备实物量的核算

实物量储备的核算是对实物周转速度的核算，主要核算材料对生产的保证天数、在规定期限内的周转次数和周转 1 次所需天数。其计算公式为：

$$材料储备对生产的保证天数 = \frac{期末库存量}{每日平均消耗材料量}$$

$$材料周转次数 = \frac{某种材料的年消耗量}{平均库存}$$

$$材料周转天数 = \frac{平均库存 \times 日历天}{年度材料耗用量}$$

（二）储备价格量的核算

价格形态的检查考核，是把实物数量乘以材料单价用货币作为综合单位进行综合计算，其好处是能将不同质、不同价格的各类材料进行最大限度地综合，它的计算方法除上述的有关周转速度方面（周转次、周转天）的核算方法均适用外，还可以从百元产值占用材料储备资金情况及节约使用材料资金方面进行计算考核。其计算式为：

$$百元产值占用材料储备资金 = \frac{材料储备资金的平均数}{年度建安工作量}$$
$$\times 100\%$$

$$资金节约使用额 = （计划周转天数 - 实际周转天数）$$
$$\times \frac{年度材料耗用总额}{360}$$

【例】某建筑单位全年完成建安工作量 1168.8 万元，年度耗用材料总量为 888.29 万元，其平均库存为 151.78 万元。核定周转天数为 70d，现要求计算该企业的实际周转次数，周转天数，百元产值占用材料储备资金及节约材料资金等情况。

①周转次数 $= \dfrac{年度耗用材料总量}{平均库存} = \dfrac{888.29\ 万元}{151.78\ 万元} = 5.85$ 次

②周转天 $= \dfrac{平均库存 \times 报告期日历天}{年度材料耗用总量} = \dfrac{151.78 \times 360}{888.29}$

$\qquad = 61.51$d

③百元产值占用材料储备资金 $= \dfrac{151.78\ 万元}{1168.8\ 万元} \times 100$

$\qquad = 12.99$ 元

④可以节约使用流动资金 $= （70 - 61.51）\times \dfrac{888.29\ 万元}{360}$

$\qquad = 20.95$ 万元

四、材料消耗量核算

现场材料使用过程的管理，主要是按单位工程定额供应和班组耗用材料的限额领用进行管理。前者是按预算定额对在建工程实行定额供应材料；后者是在分部分项工程中以施工定额对施工队伍限额领料。施工队伍实行限额领料，是材料管理工作的落脚点，是经济核算、考核企业经营成果的依据。

检查材料消耗情况，主要是用材料的实际消耗量与定额消耗量进行对比，反映材料节约或浪费情况。由于材料的使用情况不同，因而考核材料的节约或浪费的方法也不相同，分述如下：

（一）核算某项工程某种材料的定额与实际消耗情况

计算公式如下：

某种材料节约（超耗）量 = 某种材料实际耗用量 - 该项材料定额耗用量

上式计算结果为负数，则表示节约；反之计算结果为正数，则表示超耗。

$$某种材料节约（超耗）率 = \frac{材料节约（超耗）量}{材料定额耗用量} \times 100\%$$

同样，式中负百分数表示节约率；正百分数表示超耗率。

例如某工程浇捣墙基 C20 混凝土，每立方米定额用水泥 42.5 级 245kg，共浇捣 23.6m³，实际用水泥 5204kg，则其：

$$水泥节约量为 = 5204 - 245 \times 23.6 = 578（kg）$$

$$水泥节约率\% = \frac{578}{245 \times 23.6} \times 100\% = 10\%$$

（二）核算多项工程某种材料消耗情况

节约或超支的计算式同上。某种材料的计算耗用量，即定额要求完成一定数量建筑安装工程所需消耗的材料数量的计算式应为：

$$某种材料定额耗用量 = \sum（材料消耗定额 \times 实际完成的工程量）$$

（三）核算一项工程使用多种材料的消耗情况

建筑材料有时由于使用价值不同，计量单位各异，不能直接相加进行考核。因此，需要利用材料价格作为同度量因素，用消耗量乘材料价格，然后加总对比。公式如下：

材料节约（－）或超支（＋）额

$$= \sum \text{材料价格} \times （材料实耗量 － 材料定额消耗量）$$

（四）检查多项分项工程使用多种材料的消耗情况

这类考核检查，适用以单位工程为单位的材料消耗情况，它既可了解分部分项工程以及各单位材料定额的执行情况，又可综合分析全部工程项目耗用材料的效益情况。

五、周转材料的核算

由于周转材料可多次反复使用于施工过程，因此其价值的转移方式不同于材料的一次性转移，而是分多次转移，通常称为摊销。周转材料的核算以价值量核算为主要内容，核算周转材料的费用收入与支出的差异和摊销。

（一）费用收入

周转材料的费用收入是以施工图为基础，以预算定额为标准随工程款结算而取得的资金收入。

（二）费用支出

周转材料的费用支出是根据施工工程的实际投入量计算的。在对周转材料实行租赁的企业，费用支出表现为实际支付的租赁费用；在不实行租赁制度的企业，费用支出表现为按照规定的摊销率所提取的摊销额。

（三）费用摊销

1. 一次摊销法。一次摊销法是指一经使用，其价值即全部转入工程成本的摊销方法。它适用于与主件配套使用并独立计价的零配件等。

2. "五五"摊销法。是指投入使用时，先将其价值的一半摊入工程成本，待报废后再将另一半价值摊入工程成本的摊销方法。它适用于价值偏高，不宜一次摊销的周转材料。

3. 期限摊销法。期限摊销法是根据使用期限和单价来确定摊销额度的摊销方法。它适用于价值较高、使用期限较长的周转材料。计算方法如下：

第一步：分别计算各种周转材料的月摊销额。

第二步：计算各种周转材料月摊销率。

第三步：计算月度总摊销额。

六、工具的核算

（一）费用收入与支出

在施工生产中，工具费的收入是按照框架结构、排架结构、升板结构、全装配结构等不同结构类型，以及旅游宾馆等大型公共建筑，分不同檐高（20m 以上和以下），以每平方米建筑面积计取。一般情况下，生产工具费用约占工程直接费的 2% 左右。

工具费的支出包括购置费、租赁费、摊销费、维修费以及个人工具的补贴费等项目。

（二）工具的账务

施工企业的工具财务管理和实物管理相对应，工具账分为由财务部门建立的财务账和由料具部门建立的业务账。

1. 财务账，分为以下 3 种：

总账（一级账）。以货币单位反映工具资金来源和资金占用的总体规模。资金来源是购置、加工制作、从其他企业调入、向租赁单位租用的工具价值总额。资金占用是企业在库和在用的全部工具价值余额。

分类账（二级账）。是在总账之下，按工具类别所设置的账户，用于反映工具的摊销和余值状况。

分类明细账（三级账）。是针对二级账户的核算内容和实际需要，按工具品种而分别设置的账户。

在实际工作中，上述三种账户要平行登记，做到各类费用的对口衔接。

2. 业务账分为以下四种：

（1）总数量账。用以反映企业或单位的工具数量总规模，可以在一本账簿中分门别类地登记，也可以按工具的类别分设几个账簿进行登记。

（2）新品账。亦称在库账，用以反映未投入使用的工具的数量，是总数量账的隶属账。

（3）旧品账。亦称在用账，用以反映已经投入使用的工具的数量，是总数量账的隶属账。

当因施工需要使用新品时，按实际领用数量冲减新品账，同时记入旧品账，某种工具在总数量账上的数额，应等于该种工具在新品账和旧品账的数额之和。当旧品完全损耗，按实际消耗冲减旧品账。

（4）在用分户账。用以反映在用工具的动态和分布情况。是旧品账的隶属账。某种工具在旧品账上的数量，应等于各在用分户账上的数量之和。

（三）工具费用的摊销方法与周转材料相同。

主要参考文献

1. 中华人民共和国国家标准．硅酸盐水泥、普通硅酸盐水泥（GB 175—1999）．北京：中国标准出版社，1999
2. 中华人民共和国行业标准，普通混凝土配合比设计规程（JGJ 058—2000），北京：中国建筑工业出版社，2001
3. 楼丽凤主编．市政工程建筑材料．北京：中国建筑工业出版社，2003
4. 潘理亮编．市政工程材料．浙江省市政工程协会，2001
5. 金波编．物资供应与管理，浙江省市政工程协会，2004
6. 欧阳清、张先治编．企业经济分析学．北京：中国经济出版社，2000
7. 王宪玉编．企业经济活动分析．济南市市政公用事业局，2004